Alaba Yunusa

Classificações fenotípicas de ovinos autóctones da Nigéria

Alaba Yunusa

Classificações fenotípicas de ovinos autóctones da Nigéria

ScienciaScripts

Imprint
Any brand names and product names mentioned in this book are subject to trademark, brand or patent protection and are trademarks or registered trademarks of their respective holders. The use of brand names, product names, common names, trade names, product descriptions etc. even without a particular marking in this work is in no way to be construed to mean that such names may be regarded as unrestricted in respect of trademark and brand protection legislation and could thus be used by anyone.

Cover image: www.ingimage.com

This book is a translation from the original published under ISBN 978-3-659-86537-4.

Publisher:
Sciencia Scripts
is a trademark of
Dodo Books Indian Ocean Ltd. and OmniScriptum S.R.L publishing group

120 High Road, East Finchley, London, N2 9ED, United Kingdom
Str. Armeneasca 28/1, office 1, Chisinau MD-2012, Republic of Moldova, Europe
Managing Directors: Ieva Konstantinova, Victoria Ursu
info@omniscriptum.com

Printed at: see last page
ISBN: 978-620-8-53815-6

ÍNDICE DE CONTEÚDO

RESUMO

A África Subsariana é uma fonte rica de recursos genéticos de animais de criação, uma vez que a maioria dos alelos que codificam a resistência ao stress, a resistência às doenças e a capacidade de prosperar com alimentos de baixa qualidade se encontram nesta região. Por esta razão, uma classificação morfológica adequada não só ajudará a reduzir os erros de identificação por parte dos comerciantes de animais, como também contribuirá para a conservação destes alelos ameaçados. A diferenciação morfométrica dos pequenos ruminantes indígenas é convencionalmente conseguida através da análise de variância. Devido ao baixo poder da análise univariada, a análise multifatorial destas caraterísticas é mais adequada para avaliar a variação fenotípica entre e dentro das populações animais. Neste estudo, a análise de componentes principais (PCA) e a análise discriminante multifatorial foram exploradas na classificação fenotípica de ovinos da Nigéria para classificar as raças e verificar os traços que melhor as distinguem.

Dezassete caraterísticas morfométricas, nomeadamente a largura da alcatra (RW), o comprimento da alcatra (RL), o comprimento da cauda (TL), a altura da cernelha (WH), a circunferência do coração (HG), a circunferência da barriga (PG), a altura da alcatra (RH), o comprimento da orelha (EL), o comprimento da perna dianteira (FLL), o comprimento da perna traseira (RLL), o comprimento do corpo (BL), A largura da espádua (SW), a circunferência do pescoço (NC), o comprimento da cabeça (HeL), a largura da cabeça (HW), o comprimento do chifre (HL) e o comprimento do jarrete (HoL) foram medidos em quatro raças de ovinos indígenas da Nigéria para avaliar a diversidade entre e dentro da população ovina. Um número total de 1195 animais, incluindo 380 ovelhas Yankasa, 414 ovelhas Uda, 224 ovelhas Balami e 177 ovelhas anãs da África Ocidental (WAD), foram amostrados nos rebanhos e mercados geridos tradicionalmente nos estados de Osun, no sudoeste da Nigéria. Foram efectuadas análises PCA, análises discriminantes múltiplas e análises hierárquicas de grupos sobre os dados.

Os dois componentes extraídos da ACP foram responsáveis por 72,95%, 66,91%, 57,43% e 63,95% da variância total das ovelhas WAD, Balami, Uda e Yankasa, respetivamente. A partir da rotação varimax normalizada, o padrão de distribuição das cargas foi tal que BL, WH, HG, PG e HeL carregaram no primeiro componente em todas as raças. No caso das ovelhas Balami, WH, HG, PG, RH, FLL, RLL, NC, HeL, HL e HoL carregaram no primeiro componente, enquanto BL, RW, RL, TL, SW e HW carregaram no segundo componente. Para os ovinos WAD, BL, WH, HG, PG, RW, RL, SW, NC, HeL, HW e HL foram carregados no primeiro componente, enquanto RH, TL, EL, FLL, RLL e HoL foram carregados no segundo componente. Para as ovelhas Yankasa, WH, HG, PG, RH, EL, FLL, RLL, NC, HeL, HL e HoL carregaram no primeiro componente, enquanto RW, SW e HW carregaram no segundo componente. Para a ovelha Uda, BL, WH, HG, RH, EW, TL, EL, HeL e HW foram carregados no primeiro componente, enquanto RL, FLL, RLL, NC, HL e HoL foram carregados no segundo componente. A ovelha Balami foi a mais inclinada entre as quatro raças, com uma inclinação da altura de 2,43 cm. A partir da análise discriminante, o comprimento da cauda foi o carácter mais discriminante entre os 8 traços discriminantes encontrados. Ao classificar a Uda e a Balami como raças do Norte e a Yankasa e a WAD como raças do Sul, a distinção entre ovelhas das mesmas zonas ecológicas pode ser feita através da largura da alcatra. A distância genética mais longa foi encontrada entre as ovelhas

WAD e Uda, enquanto as raças mais próximas foram Balami e Uda, como indicado pela distância Euclidiana.

A seleção para um dos caracteres que carregou no mesmo componente pode ser usada para melhorar outros traços nesse componente devido à correlação dos traços com o componente para o qual foi extraído. Também os traços que estão geralmente relacionados com o desenvolvimento ósseo, particularmente o osso craniano, tiveram cargas elevadas e podem ser usados para descrever cada raça. Além disso, a grande distância euclidiana obtida para o fosso genético entre as ovelhas Uda e WAD dá perspectivas de melhoria se forem cruzadas. Uma vez que a Uda e a WAD foram criadas com sucesso na região árida do Norte e na região tripano-endémica do Sul húmido da Nigéria, respetivamente, o cruzamento da WAD com a Uda pode produzir um híbrido relativamente grande, tolerante ao calor e tripanotolerante.

DEDICAÇÃO

Este trabalho é dedicado ao meu falecido irmão, Yunusa, Idowu. Tenho saudades dos momentos doces que partilhámos juntos e recordá-lo-ei para sempre. Que a sua alma descanse em perfeita paz.

À MINHA QUERIDA MÃE

Com quem e Deus o meu sonho se tornou realidade. Agradeço-vos por terem tornado erudita uma criança que se julgava condenada.

RECONHECIMENTO

Todo o apreço vai para Deus Todo-Poderoso, que sempre esteve ao meu lado desde o início, Pai, ser-te-ei eternamente grato.

Gostaria de agradecer ao meu supervisor de investigação, Dr. Adebowale Emmanuel SALAKO, pela sua orientação paternal durante todo o período de duração deste programa. A sua discussão útil, orientação, grandes ideias e correcções são reconhecidas com gratidão.

Para a Dra. Mabel Omolara AKINYEMI e o Sr. Osamede Henry OSAIYUWU, obrigado pelo vosso apoio e interesse.

Nunca poderei esquecer o contributo incomensurável da minha mãe, a Sra. Wasilat Arinpe, em todos os aspectos da vida. Agradeço-lhe do fundo do coração.

Gostaria de exprimir a minha sincera gratidão ao Chefe de Departamento, ao Coordenador da Pós-Graduação e a todos os simpáticos professores do Departamento de Ciência Animal. Estou grato pela vossa pronta assistência em várias ocasiões no decurso deste programa.

Agradeço-vos a todos.

Gostaria de agradecer especialmente ao meu primo, Ismaheel Olayemi ALABI, pelo seu apoio durante toda a duração deste programa. Para a Sra. Mistura Salam, o vosso apoio moral, espiritual e financeiro é de um valor incomensurável.

Ao meu tio, Sr. Olatunji Alabi, digo um grande obrigado. O meu apreço vai para os outros membros da minha família, Sra. Grace Alabi, Akeem Kareem, Opeyemi Omotoso, Funke Alabi, Omobolaji Alabi, Moyosore Alabi, Tomisin Alabi e Pelumi Alabi.

Agradeço ao Sr. Israel Alabi, Omolade Sosanya, Taiwo Sabitu e Ayodele Sowole. Agradeço a todos; a vossa ajuda, encorajamento e apoio tornaram isto uma realidade, Deus vos abençoe.

Por último, o meu sincero agradecimento a todos os que, de uma forma ou de outra, contribuíram para a conclusão do programa de pós-graduação.

CAPÍTULO 1

1.1 INTRODUÇÃO

1.1 Antecedentes do estudo

A agricultura é uma atividade antiga, tão antiga como o próprio homem. Começou com a recolha de alimentos pelo homem primitivo. A agricultura moderna envolve esforços conscientes e deliberados do homem no cultivo de culturas e na criação de animais para consumo humano e utilização industrial. A criação de animais pode ser subdividida em criação de animais monogástricos e criação de animais ruminantes. Os ruminantes são animais com compartimentos estomacais complexos que lhes permitem digerir alimentos fibrosos. São um meio de utilização eficiente dos recursos da terra devido à sua capacidade de converter matérias-primas de baixa qualidade em produtos de alta qualidade. Um dos animais ruminantes importantes mantidos como gado é a ovelha.

Nunca é demais sublinhar a importância económica dos ovinos nas indústrias em desenvolvimento. As ovelhas, com o seu pequeno tamanho corporal, elevada capacidade produtiva e taxas de crescimento rápidas, são ideais para a produção por pequenos agricultores com poucos recursos. Na África subsariana, os ovinos fornecem quase 30% da carne consumida e cerca de 16% do leite produzido (Ademosun, 1985). As ovelhas contribuem com cerca de 50% do total da carne produzida internamente na Nigéria (FAO, 1985). As ovelhas desenvolvem-se bem numa grande variedade de ambientes nas regiões tropicais e requerem menos capital, uma vez que podem ser mantidas em pastagens, pastos e resíduos agrícolas. As ovelhas são mais numerosas nas regiões tropicais do que as cabras. A sua população é de mais de 500 milhões de animais (Wilson, 1995). A nível mundial, os ovinos representam cerca de 45% de todos os ruminantes. A maior população de ovinos tropicais encontra-se em África (Wilson, 1995). A população de ovinos na África subsariana é de cerca de 127 milhões (Winrock international, 1992). Em África, os centros de concentração da população são a Etiópia, Marrocos, África do Sul, Sudão, Quénia e Somália. Segundo a FAO (1982), os ovinos contribuem com 5% do total da carne produzida internamente, sendo o terceiro fornecedor de carne mais importante na Nigéria, a seguir aos bovinos e caprinos. Para além de ser uma fonte estável de carne, o leite de ovelha é uma excelente matéria-prima para as indústrias de transformação de leite, especialmente na produção de queijo.

A melhoria do sector pecuário pode ser feita através da modificação dos recursos genéticos animais ou do ambiente em que o animal vive. O desenvolvimento do ambiente animal (em especial a nutrição) tem sido a principal preocupação nos últimos anos nas regiões tropicais. Tal deve-se à relativa facilidade de realização de ensaios de alimentação e ao rápido retorno dos fundos de investigação. Todas estas são razões pelas quais a melhoria dos recursos genéticos dos animais de criação (FAnGR) tem sido prejudicada na África Subsariana.

A África Subsariana é uma fonte importante de recursos genéticos de animais de criação, uma vez que a maior parte dos genes que codificam caraterísticas implicadas na resistência ao stress, resistência a doenças, capacidade de prosperar com alimentos de baixa qualidade, etc., podem ser encontrados nesta região. A diversidade genética nas raças animais permite a existência de gado em todos os ambientes, exceto alguns, a nível mundial, fornecendo uma gama de produtos e funções. É a diversidade das caraterísticas genéticas que permite que diferentes raças animais sobrevivam em diferentes zonas climáticas do mundo. A capacidade das ovelhas Merino e Uda de prosperarem na região fria da Austrália e na região quente do Norte da Nigéria, respetivamente, deve-se à diversidade genética. A elevada capacidade de sobrevivência das ovelhas anãs da África Ocidental (WAD) nesta região tripano-endémica do sul húmido da Nigéria deve-se também à diversidade genética. O melhoramento genético das raças caprinas foi formalmente conseguido através do cruzamento de ovinos exóticos e indígenas, em detrimento dos últimos (Salako e Ngere, 2002). Quando estes animais são cruzados com os seus congéneres exóticos, as suas propriedades genéticas, que contribuem grandemente para a sua capacidade de sobrevivência, tendem a ser corroídas. Esta tendência está atualmente a ser invertida com uma maior atenção dada às raças autóctones (Maijala, 1993). Estas ovelhas estão há muito adaptadas a condições ambientais extremas de nutrição, clima e doença e podem ser mais produtivas no seu próprio ambiente do que as raças exóticas. Podem também servir como potenciais reservas de genes únicos, que podem ser úteis para os países desenvolvidos quando as preocupações ambientais exigirem alterações nos sistemas de produção. A caraterização dos recursos genéticos dos animais de criação (FAnGR) engloba todas as actividades associadas à identificação, descrição quantitativa e qualitativa, e documentação das populações de raças e dos habitats naturais e sistemas de produção aos quais estão ou não adaptados. As deslocações dos pastores Fulani e o comércio de gado entre o Sul e o Norte da Nigéria favoreceram a introgressão. Este movimento de genes entre diferentes zonas ecológicas na Nigéria tornou a identificação de raças uma tarefa difícil na criação de animais, uma vez que as raças estreitamente relacionadas tendem a ser confundidas umas com as outras. Uma classificação exacta da população ovina da Nigéria não só terá impacto na gestão destes animais, como também reduzirá a fraude por parte dos comerciantes de gado e ajudará na conservação dos recursos genéticos. A caraterização da diversidade dos animais domésticos é essencial para responder às necessidades futuras da África Subsariana em geral e da Nigéria em particular. Para fazer face a um futuro imprevisível, devem ser mantidas reservas genéticas capazes de responder prontamente às forças direcionais impostas por um vasto espetro de ambientes. A manutenção da diversidade genética constitui um seguro contra condições adversas futuras. Devido à diversidade de ambientes, padrões nutricionais e desafios colocados por agentes infecciosos, é necessária uma variedade de raças e populações. Estas funcionam como armazéns de variação genética que constituem a base da seleção e podem ser utilizadas em períodos de stress biológico, como a fome, a seca ou as epidemias de doenças. A vasta gama de raças e espécies está especificamente adaptada a um conjunto diferente de condições.

A comparação ou caraterização com base em propriedades morfológicas pode fornecer, até certo ponto, uma representação razoável das diferenças entre as raças. A recente diminuição do número de algumas raças locais e a consequente erosão do património genético estimularam o interesse pela conservação da diversidade genética. A diversidade dos animais domésticos é crítica para a segurança alimentar e essencial para satisfazer as necessidades futuras imprevisíveis. Assim, um reservatório não depende apenas do número de raças, mas também da diversidade genética dentro dessas raças e entre elas (Crepaldi *et al.*, 2001). Atualmente, 740 raças estão registadas como extintas, sendo que 1.335 (32% do total estimado) estão classificadas em alto risco de perda ou sob ameaça de extinção Agaviezor *et.al* (2012).

O primeiro passo para a caraterização dos recursos genéticos locais baseia-se no conhecimento da variação dos caracteres morfológicos (Delgado *et al.*, 2001). A procura de um método baseado em caracteres fáceis de monitorizar e que possam facilitar a utilização da caraterização etnológica e, ao mesmo tempo, instituir marcadores raciais fiáveis, obrigou à utilização de parâmetros morfométricos para determinar o seu valor para utilização como marcadores raciais.

1.2 Justificação do estudo

A caraterização dos recursos genéticos dos animais de criação (FAnGR) engloba todas as actividades associadas à identificação, descrição quantitativa e qualitativa e documentação da população de raças. O objetivo é obter um melhor conhecimento dos FAnGR, das suas utilizações actuais e potenciais futuras para a alimentação e a agricultura num ambiente definido, e do seu estado atual como população de raças distintas. Na Nigéria, a diferenciação morfométrica dos pequenos ruminantes autóctones limita-se à utilização da análise de variância. Devido ao poder limitado deste tipo de análise, a análise multifatorial dos traços morfológicos é mais adequada para avaliar a variação fenotípica entre e dentro das populações de ovinos. Este estudo foi realizado com o objetivo de utilizar técnicas multivariadas na caraterização fenotípica de raças de ovinos nigerianas.

1.3 Objectivos do estudo

i. Utilizar a análise de componentes principais (PCA) para estudar a morfoestrutura das ovelhas WAD, Balami, Yankasa e Uda.

ii. Distinguir as ovelhas WAD, Balami, Yankasa e Uda com base em caraterísticas morfológicas utilizando a análise discriminante.

iii. Utilizar os índices e rácios corporais para determinar a carne e a adaptabilidade das ovelhas WAD, Balami, Yankasa e Uda a diferentes zonas ecológicas na Nigéria.

iv. Estimar a distância genética entre as quatro raças de ovinos.

CAPÍTULO 2

1.2 REVISÃO DA LITERATURA

2.1 Origem e domesticação dos ovinos

Os primeiros sistemas agrícolas, baseados no cultivo de cereais e leguminosas e na criação de gado domesticado, desenvolveram-se no sudoeste da Ásia cerca de 11.000 anos antes do presente (Krebs e Carolyne, 2003). Por volta de 6000 a.C., o agro-pastoralismo introduzido pela revolução agrícola do Neolítico tornou-se o principal sistema de produção alimentar em toda a Europa pré-histórica, desde o Norte do Mediterrâneo até à Grã-Bretanha, Irlanda e Escandinávia, do Sul até ao Norte de África e do Leste até à Ásia Ocidental e Central (Krebs e Carolyne, 2003).

As ovelhas e as cabras foram as primeiras espécies de gado a serem domesticadas (Ryder, 1983). Múltiplos eventos de domesticação, conforme inferido por múltiplas linhagens mitocondriais, deram origem às ovelhas domésticas e, de forma semelhante, a outras espécies domésticas (Meadows *et al.,* 2007). Inicialmente, as ovelhas eram criadas principalmente para carne, mas, durante o quinto milénio no sudoeste asiático e o quarto milénio na Europa, tornou-se evidente a especialização em produtos "secundários", como a lã. As ovelhas selecionadas para produtos secundários parecem ter substituído populações domésticas mais primitivas.

A domesticação das ovelhas data de há nove a onze mil anos na Mesopotâmia (Hiendleder *et al.,* 2007). Os autores referem ainda que os parentes selvagens têm várias caraterísticas, como uma relativa falta de agressividade, um tamanho manejável, uma maturidade sexual precoce, uma natureza social e elevadas taxas de reprodução, que os tornam particularmente adequados para a domesticação. Atualmente, *a Ovis aries* é um animal inteiramente domesticado que depende largamente do homem para a sua saúde e sobrevivência (Chessa, *et al.,* 2009). Existem ovelhas selvagens, mas exclusivamente em áreas desprovidas de grandes predadores (normalmente ilhas) e não à escala dos cavalos, cabras, porcos ou cães selvagens, embora algumas populações selvagens tenham permanecido isoladas durante tempo suficiente para serem reconhecidas como raças distintas (Chessa, *et al.,* 2009).

A linha de descendência exacta entre os ovinos domésticos e os seus antepassados selvagens não é atualmente clara (Hiendleder *et al.,* 2002). A hipótese mais comum é a de que *o Ovis aries* descende da espécie asiática (*O. orientalis*) de muflão. Foi proposto que o muflão europeu (*O. musimon*) é uma raça antiga de ovinos domésticos que se tornou selvagem e não um antepassado, apesar de ser frequentemente citado como antepassado na literatura anterior (Hiendleder *et al.,* 2002). Algumas raças de ovinos, como a Castlemilk Moorit da Escócia, foram formadas através de cruzamentos com muflões europeus selvagens.

Pensava-se que o urial (*O. vignei*) era um antepassado das ovelhas domésticas, uma vez que ocasionalmente se cruzava com o muflão na parte iraniana da sua área de distribuição (Haber e Dayan, 2004). No entanto, o urial, o argali (*O. ammon*) e o carneiro das neves (*O. nivicola*) têm um número de cromossomas diferente do das outras *espécies de Ovis*, o que torna implausível uma relação direta, e os estudos filogenéticos não revelam qualquer prova de ascendência do urial (Hiendleder *et al.,* 2002). Outros estudos que compararam raças de ovinos europeias e asiáticas revelaram diferenças genéticas significativas entre as duas. Foram avançadas duas explicações para este fenómeno. A primeira é que existe uma espécie ou subespécie atualmente desconhecida de ovinos selvagens que contribuiu para a formação dos ovinos domésticos (Hiendleder *et al.*, 2007). Uma segunda hipótese sugere que esta variação é o resultado de múltiplas vagas de captura do muflão selvagem, à semelhança do desenvolvimento conhecido de outros animais de criação (Meadows *et al.*, 2007).

Inicialmente, as ovelhas eram criadas apenas para obter carne, leite e peles. As provas arqueológicas de estatuária encontradas em locais no Irão sugerem que a seleção de ovelhas lanudas pode ter começado por volta de 6000 a.C., mas as primeiras peças de vestuário de lã tecidas só foram datadas de dois a três mil anos mais tarde (Meadows *et al.*, 2007). Nesse período da Idade do Bronze, as ovelhas com todas as principais caraterísticas das raças modernas estavam disseminadas por toda a Ásia Ocidental.

No entanto, uma das principais diferenças entre as ovelhas antigas e as raças modernas é a técnica de recolha da lã. As ovelhas primitivas não podem ser tosquiadas e a sua lã tem de ser arrancada à mão, num processo chamado "rooing". Isto deve-se ao facto de as fibras, chamadas kemps, serem ainda mais compridas do que o velo macio. O velo também pode ser recolhido do campo depois de cair (Meadows *et al.*, 2007). Esta caraterística sobrevive atualmente em raças não refinadas, como o Soay e muitas Shetlands. De facto, o Soay, juntamente com outras raças do Norte da Europa com cauda curta, velo não tosquiável, tamanho diminuto e chifres em ambos os sexos, está intimamente relacionado com as ovelhas antigas. Originalmente, a tecelagem e a fiação da lã eram um artesanato praticado em casa, e não uma indústria.

Os babilónios, os sumérios e os persas dependiam todos das ovelhas; e embora o linho tenha sido o primeiro tecido a ser transformado em vestuário, a lã era um produto apreciado (Meadows *et al.*, 2007). A criação de rebanhos para a obtenção de lã foi uma das primeiras indústrias, e os rebanhos eram um meio de troca nas economias de troca direta. Numerosas figuras bíblicas mantinham grandes rebanhos, e os súbditos do rei de Israel eram tributados de acordo com o número de carneiros que possuíam.

2.2 Taxonomia e distribuição dos ovinos

A ovelha domesticada (*O. aries*) é classificada como membro da família Bovidae da ordem Artiodactyla. Os artiodáctilos são uma das ordens de mamíferos mais bem sucedidas, compreendendo dez famílias existentes e aproximadamente 200 espécies. Os membros da ordem Artiodactyla que apareceram pela primeira vez no registo fóssil indicam que os primeiros artiodáctilos eram pequenos mamíferos omnívoros que viviam na floresta. Uma caraterística distintiva dos artiodáctilos é o facto de o eixo principal de cada membro passar pelo terceiro e quarto dedos; os dedos exteriores estão diminuídos ou ausentes. A maioria dos artiodáctilos, particularmente os machos, possui um par de cornos; são tipicamente terrestres, herbívoros e gregários (Ryder, 1984).

A subordem Ruminantia é a mais vasta e variada dos artiodáctilos e é o herbívoro dominante no mundo. O nome deriva do hábito de ruminação associado à divisão do estômago em três ou quatro câmaras ligadas entre si. Em geral, faltam-lhes os incisivos superiores e o primeiro pré-molar. O molar inferior tem superfícies de trituração do tipo seledont (forma de crescente).

A família Bovidae inclui 45 géneros agrupados em nove subfamílias e tem sido considerada um dos grupos de mamíferos mais difíceis de sistematizar. Existem mais de 100 espécies, incluindo muitas espécies comerciais importantes, como ovelhas, cabras, búfalos e bovinos, mas também gazelas, gnus e muitas outras espécies nativas de África. Caracterizam-se pelos cornos ocos não ramificados e de crescimento contínuo. Esta família inclui o grupo mais diversificado de grandes mamíferos e possui um registo fóssil abundante.

As ovelhas são fenotipicamente semelhantes às cabras e, nas margens, parecem fundir-se quase impercetivelmente. Distinguem-se pela presença de glândulas odoríferas na face e nas patas traseiras e pela ausência de barba nos machos. Os ovinos possuem tipicamente chifres com nervuras transversais. Estes tendem a enrolar-se em espiral. Tal como a cabra, têm um focinho estreito e peludo e dentes molares superiores estreitos.

À medida que as ovelhas foram aumentando a sua área de distribuição e o seu habitat, desde as montanhas árcticas até às regiões desérticas, desenvolveram um grande número de raças que variam em tamanho, desde a Argalis siberiana, que pode pesar até 200 kg, até à mais pequena (35 kg) Urial de Chipre. Podem ter pelo comprido com crinas pesadas ou, como os cornos-grandes do deserto, ter pelo curto. As ovelhas asiáticas podem ter pernas longas com ossos e musculatura médios ou ter pernas curtas e musculatura pesada. A sua pelagem varia do branco ao preto. As ovelhas encontram-se em todos os continentes, com exceção da Austrália e da Antárctida, e devido à sua variedade de habitats devem ser consideradas como uma das mais bem sucedidas do grupo dos ruminantes. Os ovinos são frequentemente classificados em grupos reconhecidos por caraterísticas fenotípicas simples, como o tipo de cauda, ou por outras caraterísticas.

O nome latino *Ovis aries* é utilizado para o ovino doméstico para o distinguir do tipo selvagem, que está dividido em sete espécies (Ryder, 1984). Os nomes latinos já não são utilizados na prática, uma vez que os tipos representam variedades ou raças e não espécies diferentes. Quando se verificou que o número de cromossomas do muflão era igual ao das ovelhas domésticas, pensou-se que todas as ovelhas deviam ter o mesmo número de cromossomas e que o muflão poderia ser o único antepassado das ovelhas domésticas. Técnicas e estudos mais recentes sobre vários tipos selvagens mostraram que os ovinos Urial, Argali e da neve da Sibéria têm um número diferente de cromossomas, enquanto os ovinos de chifre fino e de chifre grande têm o mesmo número que o muflão (Clutton-Brock, 1989). Acredita-se que o Urial foi domesticado primeiro, uma vez que se pensa que os restos mortais do Urail chegaram à Europa e, mais tarde, o muflão. Pensa-se que as duas espécies são originárias do muflão. Outros acreditam que apenas uma única espécie selvagem contribuiu para o património genético dos actuais ovinos domésticos. Esta teoria foi apoiada pela contagem dos cromossomas e pela análise das proteínas do sangue.

2.3 História e ADN das ovelhas

Antes dos estudos de ADN e de ADNmt, várias espécies diferentes (urial, muflão, argali) foram consideradas como o antepassado dos ovinos modernos. Estudos paralelos de ADN e ADNmt de ovinos domésticos europeus, africanos e asiáticos sugerem a existência de três linhagens principais e distintas (Chen *et al.,* 2006). Estas linhagens são designadas por Tipo A ou asiática, Tipo B ou europeia e Tipo C, que foi identificada em ovinos modernos da Turquia e da China. Pensa-se que os três tipos descendem de diferentes espécies selvagens ancestrais de muflão (*Ovis gmelini spp*), algures no Crescente Fértil. Verificou-se que uma ovelha da Idade do

Bronze na China pertencia ao tipo B e pensa-se que terá sido introduzida na China talvez já em 5000 a.C.

2.4.1 Raças de ovinos no mundo

Uma raça é um conjunto de indivíduos de uma espécie que partilham um certo número de caracteres morfológicos e fisiológicos que são transmitidos à sua descendência, desde que se reproduzam entre si. Existem muitas raças de ovinos, mas estas são geralmente subclassificadas em raças variadas da classe da lã, da classe do pelo, da classe da carne e da classe do leite. As raças de dupla finalidade são criadas tanto para a lã como para a carne. As principais raças de lã incluem a Merino, Rambouillet, Romney, Shetland e Lincoln. As raças Drysdale e Herdwick são criadas especificamente para a produção de lã para tapetes. As raças de ovinos para carne incluem Beltex, Suffolk, Portland, Hampshire, Columbia, Texel e Montadale. Os criadores de ovelhas de lã de dupla finalidade concentram-se no crescimento rápido, nos partos múltiplos, na facilidade de parição e na rusticidade. Uma ovelha de fácil manutenção é a Coopworth, que tem lã comprida e boas qualidades de produção de carne de borrego. Outras raças de dupla utilização são a Corriedale e a Shropshire. Por vezes, as ovelhas são utilizadas igualmente para ambos os fins e os cruzamentos são efectuados para maximizar ambos os resultados. Por exemplo, as ovelhas Merino que fornecem lã podem ser cruzadas com carneiros Suffolk para produzir borregos robustos e adequados para o mercado da carne. As ovelhas da classe de pelagem são a classe original de ovelhas no mundo, desenvolvidas para carne e couro. São prolíficas e altamente resistentes a doenças e parasitas. Os Dorpers e os Kahtahdins são raças compostas de cruzamentos de lã e pelo com diferentes graus de mistura de lã/pelo dentro da classe de pelo. Croix, Barbados, Blackbelly, Mouflon, Santa Inez e Royal White trocam a sua fibra protetora de penugem por um pelo totalmente peludo na primavera/verão. Embora o leite já não seja um produto importante das ovelhas em muitos países desenvolvidos, como a América do Norte e a Austrália, a sua importância tem-se mantido noutras partes do mundo, incluindo alguns países europeus. As raças leiteiras de ovinos mais conhecidas do mundo são as seguintes: Fries Melkschaap, Lacaune, Chios e Awassi.

2.4.2 Raças de ovinos na Nigéria

As raças nigerianas são principalmente do tipo peludo e existem quatro raças: a Anã da África Ocidental, Yankasa, Uda e Balami. Contudo, existem outras raças de menor importância, como a Bororo e a Ara-Ara, que se encontram nos Estados do Níger e de Anambra (RIM, 1989). Num estudo efectuado pela RIM (1989), estas duas raças foram descritas.

2.4.2.1 Anão da África Ocidental

Esta raça é também conhecida como anã dos Camarões, Djallonké, Fouta Djallon, Kirdi, Kirdimi, Lakka, anã nigeriana, Pagan e West African Manned. O anão da África Ocidental é a raça predominante das regiões tropicais húmidas do sul da África Ocidental até à África Central. O anão da África Ocidental é uma raça compacta, de corpo pequeno, que pode ser toda branca, preta, castanha ou manchada de preto ou castanho sobre uma pelagem branca. A variação de cor e a distribuição irregular tornam difícil distingui-la claramente da Yankasa. Os machos adultos pesam cerca de 37 kg. Possuem um rufo na garganta bem desenvolvido e são corneados. As ovelhas têm um peso adulto de 25 kg. As fêmeas são geralmente polidas. Podem ser criadas com 7 a 8 meses de idade. O intervalo entre partos é geralmente curto. A prolificidade das ovelhas adultas é baixa a moderada, variando de 1,15 a 1,50 borregos por parto. Com menos de 100 g por dia em boas condições alimentares, a sua taxa de crescimento é baixa e a mortalidade dos borregos é elevada. Esta raça é também tripanotolerante.

2.4.2.2 Yankasa

A Yankasa é uma raça de carne que se encontra predominantemente no Norte e no Centro-Norte da Nigéria, mas as ovelhas são cortadas em toda a Nigéria. A Yankasa é uma raça de ovinos de tamanho médio. A cauda é longa e fina, as orelhas são moderadamente longas e um pouco caídas. Os carneiros têm chifres curvos e uma crina branca peluda e as ovelhas são polidas. A pelagem é branca com manchas pretas à volta dos olhos, das orelhas e do focinho. Os carneiros Yankasa medem 70 cm a 80 cm no garrote e pesam 55 kg a 60 kg na maturidade. As fêmeas maduras podem pesar 25 kg a 40 kg, enquanto os machos pesam entre 35 kg e 50 kg. A produção de leite (kg) por lactação situa-se entre 30 e 56 kg e tem uma duração de lactação de 91 dias. O pico de produção de leite por dia é de 960g. A Yankasa é uma vaca intermédia entre a Uda e a WAD.

2.4.2.3 Uda

Esta raça é também conhecida como Oudah bicolore (francês), Bali-Bali, Fellata, Foulbe, Houda, Louda e Ouda (pelos Fulani do Norte da Nigéria). A Uda encontra-se no norte da Nigéria, no sul do Níger, no centro do Chade, no norte dos Camarões e no oeste do Sudão. A Uda é uma das raças de ovinos de pelo do tipo Sahel. É uma raça de carne. Trata-se de uma raça de ovinos de pernas compridas, com uma pelagem de cor castanha ou preta na parte anterior e branca na parte posterior. São grandes, com a cara direita e comprida. Os carneiros da Uda são chifrudos e as ovelhas são geralmente polidas. O Uda tem um corpo ligeiramente mais pequeno do que o Balami, embora os seus tamanhos se sobreponham. O peso das fêmeas adultas pode ser de 30 a 40 kg, enquanto os carneiros adultos pesam 30 a 60 kg. A produção de leite por lactação situa-se entre 32 e 36 kg para uma duração média de lactação de 91 dias. As caudas são longas e finas. Os carneiros têm chifres que se tornam largos e espirais à medida que amadurecem.

A Uda está adaptada ao pastoreio extensivo e sobrevive melhor em ambientes quentes e secos (Oni, 2002). A raça parece prosperar em ambientes quentes e secos e sofre de fraca sobrevivência fora desta zona ecológica. É conhecida pela sua capacidade de fazer caminhadas (Adu e Ngere, 1979). Os barbilhões estão presentes ocasionalmente em ambos os sexos. Em geral, as ovelhas Uda habitam as planícies semi-áridas de precipitação mono-modal e as zonas áridas adjacentes do sul do Níger, do norte da Nigéria, do centro do Chade, do Sudão ocidental e de partes dos Camarões; os sistemas de produção são agro-pastoris e de transumância pastoril.

2.4.2.4 Balami

O Balami é o carneiro nativo de maior corpo da Nigéria. Enquanto animal de pastoreio, está confinado ao norte semi-árido, mas é preferido pelos muçulmanos como raça de alimentação em estábulo em toda a cintura média da Nigéria. É branco e peludo, com orelhas pendentes, pernas compridas e uma cauda longa e fina. Os carneiros são chifrudos, mas as ovelhas são normalmente polinizadas. Uma outra caraterística que torna o Balami distintamente reconhecível é o seu nariz romano bulboso, que o distingue do Yankasa. Tem um bom potencial como produtor de carne. O peso dos machos maduros varia entre 40 e 80 kg, enquanto o das fêmeas se situa entre 30 e 40 kg. A produção de leite por lactação situa-se entre 28 e 33 kg em 70 dias.

A raça tem o nome da tribo Bornu que a possui em grande número. A raça é a mais predominante no nordeste da Nigéria.

2.4.2.5 Bororo

A raça Bororo é uma raça de ovinos de pernas grandes e compridas que se diz ser originária do Chade. Tem a parte posterior branca e orelhas brancas pendentes. O seu peso adulto situa-se entre 45 e 55 kg

2.4.2.6 Ara-Ara

O Ara-ara, também conhecido como Tuareg, é originário da Nigéria e é predominantemente branco ou fulvo. Os carneiros das raças de ovinos têm chifres, mas podem existir estirpes com chifres, como se verificou com a ovelha anã da África Ocidental.

2.5.1 Sistemas de gestão na Nigéria.

Foram descritos vários sistemas de maneio de ovinos na Nigéria. Estes sistemas de maneio vão desde o pastoreio em liberdade, passando pelo amarramento na produção de subsistência, até ao confinamento em sistemas semi-intensivos e intensivos.

2.5.2 Sistema tradicional

Na Nigéria, o sistema de criação é principalmente tradicional, com indivíduos que mantêm 2 a 4 animais, nos quais o investimento é mínimo mas os retornos potenciais ainda são elevados. Estes sistemas de criação são caracterizados por caminhadas e exposição a temperaturas ambiente elevadas. Os animais perdem peso corporal enquanto se deslocam. O sistema tradicional de maneio é caracterizado por uma alta incidência de doenças e parasitismo, juntamente com os efeitos adversos do clima tropical. Outras caraterísticas incluem perdas por roubo, acidentes de viação, envenenamento por agricultores e conflitos entre proprietários de gado e agricultores, perdas para predadores, acasalamento indiscriminado. Adu e Ngere (1979) referiram que a criação de ovinos na Nigéria fazia tradicionalmente parte do sistema agrícola da população.

2.5.3 Sistema Semi-Intensivo

O sistema de maneio semi-intensivo é intermédio entre o sistema de maneio intensivo e o tradicional. O sistema envolve o pastoreio dos animais em qualquer erva disponível durante o dia e o seu alojamento durante a noite. Por outro lado, as ovelhas continuam a ser alimentadas de manhã e à noite. Os animais são observados quanto a problemas de doença e são prestados cuidados veterinários.

2.5.4 Sistema intensivo

O sistema intensivo implica o confinamento total dos animais, quer em pastagens, quer em parques onde são fornecidos alimentos e água. Neste caso, são fornecidos resíduos de culturas, como palha e farelo de arroz, cascas de mandioca e grãos secos de cerveja. A nutrição melhorada pode ser conseguida através da utilização de gramíneas, leguminosas ou forragens cortadas e transportadas, suplementadas com salitre. Nesta situação, é assegurada uma nutrição adequada e o bem-estar dos animais é constantemente monitorizado, sendo prestados cuidados veterinários completos. As maiores vantagens deste sistema são a conversão efectiva dos resíduos das culturas ou dos suplementos em produtos de elevado valor biológico, como o leite e a carne. Há controlo da reprodução, melhoria do desempenho e das condições higiénicas, recolha e utilização de materiais fecais como estrume no pátio da exploração, redução dos casos de doenças parasitárias, controlo das ovelhas contra as quedas automáticas e pouco ou nenhum dano para o ambiente.

2.6.1 Caracteres qualitativos

Os caracteres qualitativos são caraterísticas que são controladas por poucos pares de genes. São normalmente referidos como caraterísticas não económicas devido ao seu reduzido valor de mercado. Hoje em dia, alguns traços qualitativos estão a tornar-se traços económicos devido à sua importância para a utilização industrial. Um bom exemplo de caraterísticas qualitativas consideradas caraterísticas económicas é a cor da pelagem dos ovinos; a cor branca tem mais afinidade com o corante, o que torna desejável a seleção de ovinos de cor branca. Os caracteres qualitativos têm sido utilizados para a classificação e identificação de populações animais. Muitas raças melhoradas são monotípicas para a maioria dos traços visíveis e, por conseguinte, tornaram a avaliação quantitativa fácil de monitorizar ao longo do tempo (Salako, 2013). O autor afirmou ainda que a variação nos traços ordinais, como a cor da pelagem, o tamanho da orelha, a atitude da orelha, o tipo de eumelanina, o perfil facial de desenho branco e os atributos nominais, como a presença e a ausência de barbilhões, chifres e mamilos supranumerários, podem ser de grande ajuda para gerar variações interespecíficas raciais entre as populações animais da espécie. Os traços qualitativos são afectados por um único par de genes ou por apenas alguns pares de genes com uma distinção nítida entre fenótipos. Não são influenciados pelo ambiente e são determinados geneticamente, como é o caso dos chifres e das varas, da cor da pelagem, etc. (Chineke 2003).

2.6.1 Perfil da cabeça

O perfil da cabeça dos ovinos pode ser vertical, côncavo ou convexo. De acordo com Salako (2013), o perfil da cabeça do WAD e do Yankasa é, respetivamente, vertical e subconvexo. O autor afirmou ainda que o perfil da cabeça pode indicar expressões complementares de alguns traços métricos que estão correlacionados com eles.

2.6.2 Estrutura da pelagem e do pelo dos ovinos

A pelagem das primeiras ovelhas domésticas era provavelmente a mesma que a do antepassado selvagem. Não foram encontrados vestígios de lã do Neolítico, mas as ovelhas modernas com pelo de Kemp e lã podem ser consideradas sobreviventes desta fase da evolução. Estas encontram-se em zonas quentes e pensa-se que a pelagem simples foi adaptada a um ambiente quente. No entanto, uma vez que não há motivo para criar velo lanoso para vestuário num ambiente quente, pode considerar-se que as ovelhas representam as primeiras que chegaram a essas zonas (Ryder, 1991). Desde a domesticação, o pelo exterior peludo das ovelhas selvagens tornou-se mais fino e a muda anual da primavera quase desapareceu. Ryder (1983) propôs uma provável ordem fina das mudanças evolutivas a partir dos vestígios arqueológicos no diagrama. De acordo com essa ordem, a primeira alteração consistiu em aumentar a finura do kemps grosseiro e exterior das ovelhas selvagens para produzir o velo médio peludo do Soay peludo. A seleção artificial reduziu ainda mais o diâmetro destas fibras finas, transformando-as em fibras de lã de diâmetro médio, como no velo do Soay lanoso.

A seleção de velo menos peludo pode ter começado quando as peles ainda eram utilizadas no vestuário. Os primeiros sinais de mudança encontram-se em restos de lã de têxteis da Idade do Bronze europeia, após vários milénios de criação. Nos vestígios têxteis, tanto a lã como a da pequena ovelha castanha Soay de St. Silda (Noroeste da Escócia) sugerem que a Soay é uma sobrevivência das ovelhas da Idade do Bronze. A ovelha Soay partilhava outras caraterísticas primitivas com o antepassado selvagem, como a cauda curta, o ventre branco e a muda anual, sendo a lã recolhida por depenagem (Ryder, 1991). Devendra e McLeroy (1982) referiram que uma classificação baseada na cobertura do pelo ou no tipo de velo produzido é mais útil para descrever ou comparar ovinos em grandes áreas geográficas.

A cor dos ovinos tem vindo a perder-se a nível mundial. A lã dos têxteis permanece castanha e, nas ovelhas selvagens, apenas o ventre é branco, enquanto as partes superiores apresentam manchas castanhas de agouti kemps e manchas totalmente pretas e totalmente brancas e a lã é cinzenta por diluição. A gama de cores aumentou na Idade do Ferro (Ryder, 1991). Registos e ilustrações mostram ovelhas brancas no Médio Oriente durante a Idade do Bronze. Na Europa, os restos de tecidos e as ovelhas sobreviventes da Idade do Ferro mostram três categorias de cores: todas coloridas (pretas ou castanhas), algumas coloridas e algumas brancas. As raças sobreviventes têm indivíduos pretos, cinzentos e brancos, para além do castanho do Soay. O ventre branco das ovelhas selvagens é raro. A maior parte das raças modernas tem um velo branco. De acordo com a observação da mutação efectuada por Aldalsteinssion (1983) nas ovelhas islandesas, esta gama de cores evoluiu a partir do padrão castanho selvagem dos Soay da seguinte forma: o gene da barriga branca sofreu uma mutação para se tornar totalmente branco, este, por sua vez, passou a ser autocorante (dando origem a animais totalmente pretos ou totalmente castanhos) e este a um gene que dá origem a uma mistura de fibras coloridas e brancas (por exemplo, cinzentas). Na raça Soay, as ovelhas brancas são raras, mas ocorrem alguns animais de cor (com barriga de cor). O motivo para criar ovelhas com lã branca pode ter surgido após o desenvolvimento das tintas. A criação pode ter sido efectuada quer através da seleção de ovelhas malhadas de branco com maiores áreas de lã branca, quer através da seleção de todos os mutantes brancos. A grande variação na extensão das marcas brancas nos Soay bragados indica a viabilidade da primeira abordagem, mas isso teria resultado em ovelhas brancas recessivas, o que não acontece. Em geral, o branco é dominante em relação à cor, o que sugere a segunda abordagem. De facto, as duas abordagens foram provavelmente realizadas ao mesmo tempo, porque as ovelhas de cor das raças modernas têm frequentemente marcas brancas (Ryder, 1991)

A cor era assim uma caraterística importante das primeiras raças de ovinos. Uma variedade de cores era provavelmente desejável para o processamento manual da lã e todas as raças domésticas têm provavelmente alguns genes de cor (Gontard e Manosque, 1986); no entanto, a lã branca pura é desejável para o processamento mecânico, quer para tecidos brancos, quer para tecidos tingidos, de modo que as raças de lã fina e, frequentemente, as raças de lã longa e média são todas brancas e os genes de cor podem ser vigorosamente selecionados contra. Um preto sólido recessivo está geralmente presente nestas raças, embora tenha sem dúvida sido eliminado nalgumas.

A estrutura do pelo é a disposição das fibras capilares na pele. Esta caraterística determina em grande medida a adaptação ao ambiente, enquanto a cor da pelagem é o espetro de reflexão dos revestimentos. Osinowo *et al.*, (1988) postularam que a estrutura do pelo afecta a regulação térmica, enquanto a cor da pelagem é suscetível de influenciar a perda de calor radiante. O impacto da cor da pelagem na perda de calor radiante deve-se à diferente reflectância das diferentes cores aos raios de luz. Parte-se do princípio de que a cor preta tem uma emissividade absoluta, enquanto a cor branca tem uma reflectância absoluta. Os animais de cor são susceptíveis de estar predispostos a uma maior carga térmica (Finch e Western, 1997). Vários autores registaram variações na cor da pelagem dos ovinos da Nigéria. A maior parte das cores documentadas incluem o branco, o preto, o castanho, o pied e as cores mistas, enquanto alguns animais eram malhados e outros eram salpicados (Osinowo *et al.*, 1988; Odubote, 1994b). As primeiras descobertas de Odubote (1994b), trabalhando com cabras WAD, indicaram que a cor da pelagem é muito variável e irregular, incluindo preto, castanho, malhado e cores mistas. A cor preta básica predomina (53,3%), enquanto as cabras brancas e castanhas básicas representam 6,8% e 39,9%, respetivamente. Revisão por Kine

(2005) mostraram que os animais de cor escura de várias espécies pecuárias crescem mais depressa nas regiões tropicais e subtropicais e que a sobrevivência e o crescimento são menores nos animais de cor mais clara, que parecem ter uma maior produção de leite. No entanto, Oke e Ogbonnaya (2011) registaram diferenças insignificantes no peso vivo e no perímetro cardíaco entre os diferentes grupos de cores, apesar de as ovelhas pretas apresentarem os valores mais elevados para estas caraterísticas

1.1.3 Corno

Nos antepassados selvagens, ambos os sexos tinham chifres, e essas raças também ocorrem nas ovelhas domesticadas. Além disso, desenvolveram-se raças em que as ovelhas ou ambos os sexos não tinham cornos. Não se sabe se a ausência de chifres em algumas ovelhas muflão e urianas se deve a uma mutação nestes tipos selvagens ou a cruzamentos com ovelhas domésticas com chifres. Existem provas da existência de ovelhas sem chifres no Neolítico (7000 a.C.) no Irão e nos continentes europeus, mas não de ovelhas sem chifres até à Idade Média. Uma das primeiras mudanças foi a redução do tamanho dos chifres (Ryder, 1984). Salako (2013) afirmou que a presença de chifres é controlada por três alelos Ho*P (Polled), Ho*+ (horned) e Ho*hl (hornless). O autor acrescentou que o Ho*P é completamente dominante em relação ao chifre e ao sem chifre em carneiros, mas não completamente dominante em ovelhas, considerando que o carácter é influenciado pelo sexo. O carácter Ho*hl/Ho*hl produz botões ósseos ou cicatrizes nas ovelhas e nos machos castrados à nascença. Nos carneiros, produz chifres grandes que não se distinguem dos carneiros Ho*+/Ho*+. Ho*+/Ho*+ produz chifres em ambos os sexos, chifres grandes em carneiros e pequenos em ovelhas e machos castrados ao nascimento (Salako, 2013).

1.1.4 Acácia

A cor do acácia é predominantemente a cor da pelagem (Wilson, 1991; Odubote, 1994b). A acácia tem sido associada a caraterísticas especialmente reprodutivas, tais como maior prolificidade, produção de leite (Casu *et al.*, 1970), maior tamanho da ninhada, índice de fertilidade e taxa de conceção (Osinowo *et al.*, 1988; Shongjia *et at*, 1992). Os pastores têm a crença tradicional de que a presença de acácia confere algum tipo de imunidade a doenças nas ovelhas, mas as provas científicas desta afirmação são limitadas. Esta caraterística é controlada por dois alelos, Wa*+ 'selvagem' e WA*w 'murcho' (Salako, 2013). Ozoje e Mgbere (2002) registaram uma associação positiva da incidência de barbilhões com o comprimento da cauda e a circunferência do pescoço em cabras WAD, enquanto Osinowo *et al.* (1988) observaram um peso de desmame mais elevado em borregos com barbilhões do que em borregos sem barbilhões em Yankassa

1.1.5 Atitude de ouvido

A atitude da orelha é a orientação da orelha. Pode ser erecta, normal ou descaída. A atitude da orelha depende em grande medida do tamanho do animal e das caraterísticas da raça.

2.7 Caracteres quantitativos em ovinos

Trata-se de caraterísticas que são também conhecidas como caraterísticas económicas devido ao seu impacto económico direto. Incluem o peso corporal, a produção de leite, todas as medições lineares, etc. As medições lineares do corpo têm sido utilizadas por diferentes autores como um padrão para prever o peso corporal e diferentes produções (Ozoje e Herbert, 1997; Adedeji e Ayorinde, 1990; Chineke, 2003) porque o peso corporal é uma medida cumulativa de diferentes parâmetros corporais.

2.8 .0 Análise multivariada

2.8.1 Análise fatorial de componentes principais

A análise fatorial é uma técnica de interdependência cujo objetivo principal é definir a estrutura subjacente entre as variáveis na análise. Em termos gerais, a análise fatorial fornece as ferramentas para analisar a estrutura das inter-relações (correlações) entre um grande número de variáveis, definindo conjuntos de variáveis que estão altamente inter-relacionadas, conhecidas como factores. Presume-se que estes grupos de variáveis que, por definição, estão altamente inter-correlacionados, representam dimensões dentro dos dados. Se estivermos apenas preocupados em reduzir o número de variáveis, então as dimensões podem orientar a criação de novas medidas compostas. No entanto, se tivermos uma base concetual para compreender as relações entre as variáveis, então as dimensões podem corresponder a conceitos que não podem ser adequadamente descritos por uma única medida. A análise fatorial pode ser exploratória ou confirmatória. A análise de componentes principais (PCA) está a ser utilizada como ferramenta na avaliação das formas corporais que podem ter significado evolutivo, bem como permitir uma compreensão do complexo processo de crescimento que ocorre entre as dimensões corporais no grupo etário de um ano da espécie (Salako, 2006). A análise de componentes principais de nove medidas lineares e do peso foi utilizada num esforço para obter uma descrição objetiva das diferentes formas do corpo antes do primeiro ano de vida (Brown *et al.*, 1973). O autor utilizou ainda a análise de componentes principais para examinar as relações entre

medidas de tamanho, forma e desempenho de bovinos de carne imaturos. Este procedimento multivariado descreve a variação total num grande sistema de medidas (corporais) em termos de algumas variantes artificiais. Nem todas as categorias de dados podem ser exploradas por PCA. Os dados têm de ser adequados para este tipo de análise e a dimensão da amostra tem de ser adequada. Para examinar a adequação dos dados à análise de componentes principais/factores, é necessário efetuar os testes de Kaiser-Meyer-Olkin (KMO) e de Bartlett. O KMO é uma medida de adequação da amostragem que indica a proporção da variância que é comum, ou seja, que pode ser causada por factores subjacentes. Valores elevados (próximos de 1) indicam geralmente que a análise de componentes principais/factores pode ser útil; o teste de esfericidade de Bartlett indica se a matriz de correlação é uma matriz de identidade, o que indicaria que as variáveis não estão relacionadas. Um nível de significância inferior a 0,05 é essencial para prosseguir com a ACP. A análise de componentes principais é um método para transformar as variáveis de um conjunto de dados multivariados, x_1, x_2, X_3,....X_p em novas variáveis, Y_1,Y_2, Y_3...Y_p que não estão correlacionadas entre si e representam proporções decrescentes da variância total das variáveis originais, definidas como

$$Y_1=a_{11}X_1+a_{12}X_2+a_{13}X_3+\ldots+a_{1p}X_p$$

$$Y_2=a_{21}X_1+a_{22}X_2+a_{23}X_3+\ldots+a_{2p}X_p$$

$$Y_3=a_{21}X_1+a_{22}X_2+a_{23}X_3+\ldots+a_{2p}X_p$$

Com os coeficientes a serem escolhidos; de modo a que y_1, y_2, y_3.Yp sejam contabilizados em proporções decrescentes da variância total das variáveis originais x_1. x_2. x_3.. Xp (Everitt *et al.* 2001; Gaspersz, 2007).

2.8.2 Análise Discriminante

A análise discriminante envolve a derivação de uma variante. A variante discriminante é a combinação linear de duas ou mais variáveis independentes que melhor discriminará os objectos. A análise discriminante é a técnica estatística mais adequada quando a variável dependente é uma variável categórica (normal ou não métrica) e as variáveis independentes são variáveis métricas. Em muitos casos, a variável dependente é constituída por dois grupos. Noutros casos, estão envolvidos mais de dois grupos. Quando estão envolvidas duas classificações, a técnica é designada por análise discriminante de dois grupos. Quando são identificadas três ou mais classificações, a técnica é designada por análise discriminante múltipla. A regressão logística responde às mesmas questões que a análise discriminante. É muitas vezes preferida à análise discriminante por ser mais flexível nos seus pressupostos e tipos de dados que podem ser analisados. A regressão logística pode lidar com variáveis categóricas e contínuas, e os preditores não precisam ser normalmente distribuídos, linearmente relacionados ou de igual variância dentro de cada grupo (Tabachnick e Fidell, 1996). A análise da função discriminante é uma análise multivariada de variância (MANOVA) invertida. Na MANOVA, as variáveis independentes são os grupos e as variáveis dependentes são os preditores. A variante para uma análise discriminante, também conhecida como função discriminante, é derivada de uma equação muito parecida com a vista em regressões múltiplas. Ela assume a seguinte forma:

$$Z_{jk}=a+W_1X_{1k}+W_2X_{2k}+\ldots\ldots+W_nX_{nk}.$$

Em que z_{jk} = pontuação Z discriminante da função discriminante j para o objeto k, a= interceção, w_1= peso discriminante para a variável independente i, x_{1k}= variável independente i para o objeto k.

A análise discriminante permite a utilização de caracteres morfométricos como marcador racial. Isto tem sido feito extensivamente em ovinos (Salako e Ngere, 2002) e em caprinos (Yakubu *et al.*, 2010).

2.9.1 Variabilidade nos animais de criação

A variabilidade é essencial para a sobrevivência dos organismos vivos devido à variabilidade do ambiente em que os organismos vivem. Devido a esta diversidade ambiental, evoluíram diferentes estirpes de organismos microscópicos (tanto patogénicos como benéficos). Os ambientes animais que influenciam as caraterísticas genéticas dos animais incluem o clima, a nutrição e também o ambiente interno do animal. Assim, evoluíram diferentes raças de animais que têm a capacidade de sobreviver nestes ambientes tão diversos.

A avaliação visual da conformação do gado é provavelmente a forma mais antiga de recolha de informação e desempenhou um papel central em muitas associações de criadores (Janssens e Vandepitte, 2004). As medições corporais têm sido amplamente utilizadas para estimar o peso vivo dos animais, especialmente quando não há acesso a equipamento de pesagem. Este método é mais comum para os bovinos (El Khidir, 1980) e, em menor grau, para os ovinos, suínos e aves de capoeira (Lawrence e Fower, 1997). As dimensões corporais têm sido utilizadas para indicar a raça, a origem e a relação de parentesco através das medidas da cabeça (Itty *et al., 1997*), ou para indicar o tamanho, a EAAP e a FAO utilizaram a altura da cernelha como indicador principal do tipo de carne de bovino, porque indica o crescimento de ossos longos (Simon e Bauchanauer, 1993). Os índices de medidas corporais estimados a partir de várias combinações de parâmetros convencionais e não convencionais fornecem uma orientação superior aos pesos e são indicadores do tipo e das funções dos animais domésticos (Salako, 2006). O autor também descreveu mais completamente um indivíduo ou uma população do que os métodos convencionais de pesagem e classificação.

O perímetro cardíaco tem sido utilizado para prever o peso corporal em várias espécies. Lawrence e Fowler (1997) referiram que a estimativa do peso vivo baseada em duas ou mais medições do corpo não era mais exacta do que a estimativa baseada apenas no perímetro cardíaco.

Os caracteres morfológicos fornecem informações úteis para detetar relações genéticas entre raças de diferentes espécies domésticas (Herrera *et al.*, 1996). Numa tentativa de distinguir entre cabras castanhas e cinzentas de Bengala, o comprimento do corpo e o perímetro torácico revelaram diferenças significativas entre estas raças. Herreera *et al.* (1996) utilizaram com êxito algumas medidas corporais, como o perímetro da tíbia, a circunferência do coração, a profundidade do peito, o comprimento e a largura da anca e a altura da espádua, para distinguir cinco raças de cabras em Espanha.

2.9.2 Técnicas multivariadas e diversidade genética dos animais

Nos sistemas de produção animal, o valor de uma espécie aumenta em função da sua adaptação, da sua capacidade de dar contributos socioeconómicos, da sua capacidade de preencher as oportunidades de mercado e do seu potencial de aumento da produtividade. Estes factores são reforçados pelo facto de se esperar que a pecuária equilibre uma série de objectivos políticos, entre os quais o apoio ao desenvolvimento rural e a redução da fome e da pobreza, a satisfação da procura crescente de produtos animais e a resposta à evolução das exigências dos consumidores, a garantia da segurança alimentar e a minimização da ameaça representada pelas doenças animais, bem como a manutenção da biodiversidade e da integridade ambiental (FAO, 2011).

Existe um potencial considerável para o aumento da produção de ovinos, se for empregue uma gestão adequada. Atualmente, muitos países estão a perder os seus recursos genéticos, o que pode ter efeitos duradouros na segurança alimentar e no desenvolvimento sustentável, especialmente à luz das alterações climáticas (Hoffman, 2010). A lógica subjacente à conservação da diversidade dos animais de criação reside no facto de a humanidade poder ter necessidade de manter esta biodiversidade genética específica para enfrentar desafios futuros (desconhecidos), como as alterações na procura de produtos animais, a propagação de novas doenças, a redução do impacto ambiental e as alterações climáticas (Thornton 2010; FAO, 2011). A análise de variáveis morfométricas de fácil medição permite explorar domínios como a estrutura das raças, o grau de variabilidade entre várias populações, a harmonia dos modelos morfológicos e a definição de modelos morfológicos para uma determinada raça. Assim, é importante analisar com exatidão as variáveis morfológicas que permitem distinguir as raças, bem como explorar a utilização de vários métodos de discriminação para avaliar o potencial de cada uma das variáveis em estudo (Rodero *et al.,* 2011). A medição dos parâmetros lineares do corpo tem sido utilizada para estimar o tamanho necessário em ovinos. A utilização de informações quantitativas nos programas de criação de gado tornou-se mais sofisticada ao longo do tempo. Isto permite aos criadores progredir mais rapidamente num conjunto escolhido de caraterísticas. A informação fenotípica foi inicialmente utilizada na seleção massal, em que os indivíduos com melhores valores de caraterísticas eram escolhidos para serem os pais da geração seguinte (Carneiro *et al.,* 2010). Este modelo tem funcionado notavelmente bem e tem permitido muitos progressos nos méritos genéticos. As raças de gado autóctones de África estão bem adaptadas ao ambiente local, apesar de a sua produtividade ser geralmente inferior quando comparada com a de outras partes do mundo. As tentativas dos criadores e agricultores para melhorar o desempenho das raças autóctones africanas implicam a introdução de animais exóticos e práticas de cruzamento, o que está a levar gradualmente à erosão e ao completo mascaramento de importantes caraterísticas de sobrevivência, como a resistência a doenças associadas ao gado autóctone, bem como à extinção de certas raças (Gizaw *et al.,* 2011). A caraterização das populações africanas de pequenos ruminantes desempenhará um papel importante na manutenção destes recursos genéticos autóctones como base para o melhoramento futuro, tanto ao nível da produção como ao nível genético. Isto pode ser parcialmente alcançado através da análise de traços morfológicos para avaliar a variação dentro e entre populações usando análises multivariadas clássicas tais como componentes principais e análise discriminante, que demonstraram ser adequadas para avaliar a variação dentro e podem discriminar diferentes tipos de população quando todas as variáveis morfológicas medidas são consideradas simultaneamente (Yakubu *et al.,* 2010; Legaz *et al.,* 2011). A técnica de componentes principais pode reduzir a informação contida no complexo original de variáveis, eliminando a informação redundante devida à correlação entre elas (Cerqueira *et al.,* 2011; Yakubu *et al.,* 2011). A análise da função discriminante é uma técnica estatística que permite atribuir novos indivíduos a grupos previamente estabelecidos ou definidos. A caraterização morfológica dos recursos genéticos animais africanos está atualmente a receber uma atenção crescente (Traoré *et al.,* 2008; Yakubu e Akinyemi 2010; Yakubu e Ibrahim 2011).

Placa 1: Carneiro Balami Note-se o grande tamanho do corpo, a orelha caída, o corpo grande e a curvatura do rosto.

Prato 2: Carneiro Uda castanho e branco Note-se o grande tamanho do corpo, a orelha caída, a cauda longa e a perna longa

Prato 3: Carneiro Uda preto e branco Note-se o grande tamanho do corpo, a orelha caída, a cauda longa e a perna longa.

Prato 4: Carneiro Yankasa Note-se o tamanho pequeno da orelha e as manchas pretas à volta do olho.

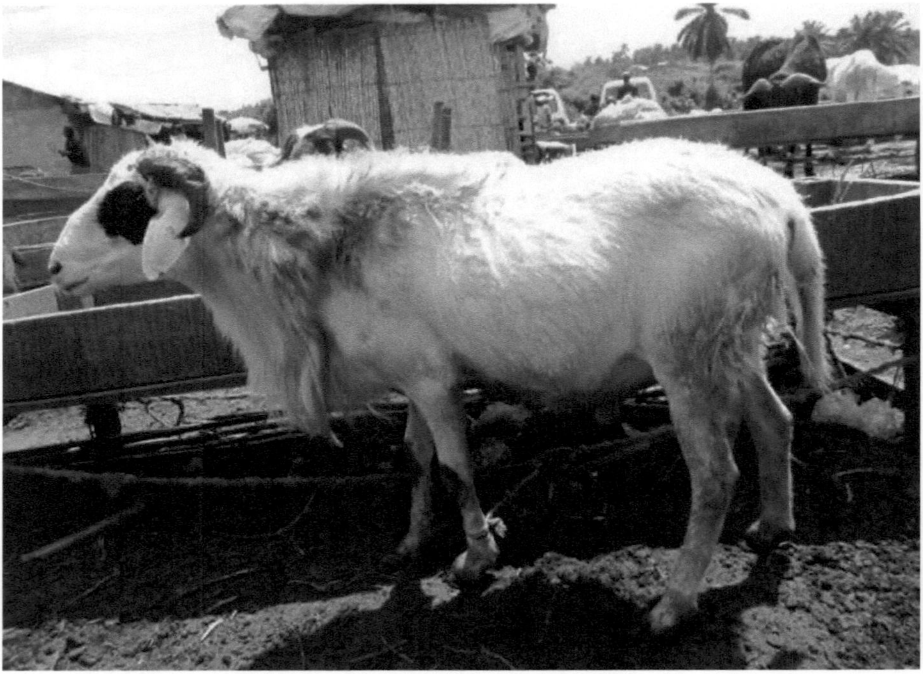

Placa 5: Carneiro anão da África Ocidental (WAD) Note-se o tamanho e a orientação das orelhas pequenas, a crina, a cauda curta e a cara achatada.

CAPÍTULO 3

3.0 MATERIAIS E MÉTODO

3.1 Local da experiência

O estudo foi efectuado no estado de Osun, no sudoeste da Nigéria. Foram também recolhidas amostras de ovelhas do Norte na quinta de ensino e investigação da Universidade de Ibadan. Os locais de amostragem no estado de Osun foram o mercado de Odo-Ori em Iwo, o mercado de Ojomode em Ile-ogbo e o mercado de Agbowu em Ogbaagba. Foram também recolhidas amostras de ovinos geridos de forma semi-intensiva em Iwo, Ile-ogbo, Ode-Omu, Ifetedo, Ogbaagba e Ilobu. A área de estudo é caracterizada por uma forte precipitação entre março e outubro, seguida de uma estação seca de novembro a fevereiro. A vegetação da área é a de uma floresta tropical caracterizada por dois picos de precipitação e humidade durante as chuvas. A precipitação varia entre 1200 mm e 1350 mm por ano. O clima quente e húmido prevalece com uma humidade relativa entre 70% e 90% e uma temperatura que varia entre 27°C e 32°C durante a maior parte do ano.

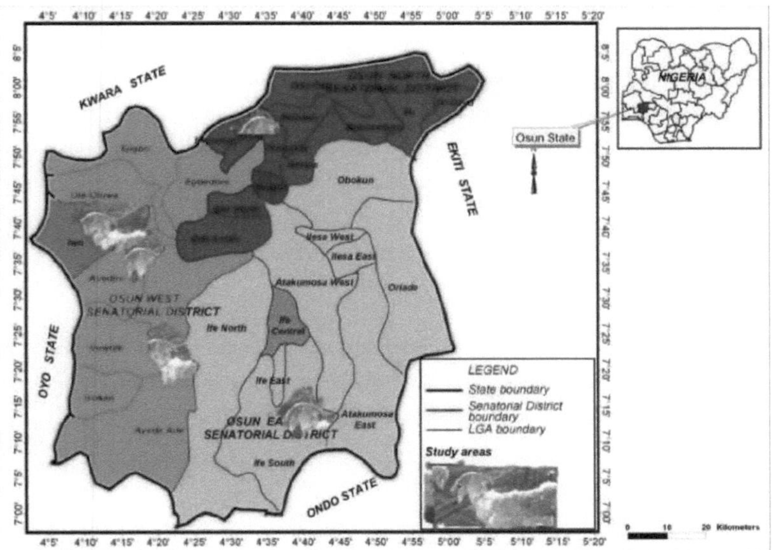

Figura 1: Mapa do Estado de Osun com as coordenadas da zona de amostragem

3.2 Animais experimentais

Um número total de mil cento e noventa e cinco (1195) animais, incluindo trezentos e oitenta (380) ovelhas Yankasa, quatrocentos e catorze (414) ovelhas Uda, duzentos e vinte e quatro (224) ovelhas Baiami e cento e vinte e sete (177) ovelhas anãs da África Ocidental, foram amostrados nos rebanhos e mercados tradicionalmente geridos nos estados de Osun e Oyo, no sudoeste da Nigéria. As ovelhas eram constituídas por trezentos e dezassete (317) carneiros Yankasa e sessenta e três (63) ovelhas Yankasa. Havia trezentos e sessenta e cinco (365) carneiros Uda e quarenta e nove (49) ovelhas Uda. Cento e noventa e nove (199) carneiros Balami e vinte e cinco (25) ovelhas Balami. Cento e vinte e seis (126) carneiros WAD e cinquenta e uma (51) ovelhas WAD.

3.3 Gestão de animais

Os animais amostrados nos mercados foram trazidos de diferentes partes da Nigéria, com diferentes sistemas de maneio, mas presume-se que a maior parte deles tenha sido submetida a sistemas de maneio extensivos e semi-intensivos. Os animais obtidos de pastores eram criados de forma semi-intensiva. Os animais recebiam resíduos das colheitas e eram deixados a defender-se sozinhos para a restante alimentação. Não lhes era fornecido nenhum abrigo especial durante a noite. Alguns dos animais recebiam também medicamentos de rotina.

3.4 Recolha de dados

Os dados foram recolhidos entre outubro de 2012 e março de 2013. As medições corporais foram efectuadas quando os animais estavam em posição de pé, com a cabeça levantada e o peso assente nas quatro patas, sem movimento corporal. Por vezes, os animais eram imobilizados quando se debatiam. As medições foram efectuadas com uma fita métrica flexível. As ilustrações para as medições são descritas pela FAO (2012). Foram medidas dezassete (17) caraterísticas métricas em cada animal, utilizando as marcas de identificação já documentadas; Largura da garupa (RW), comprimento da garupa (RL), comprimento da cauda (TL), altura da cernelha (WH), perímetro cardíaco (HG), perímetro da pança (PG), altura da garupa (RH), comprimento da orelha (EL), comprimento da perna dianteira (FLL), comprimento da perna traseira (RLL), comprimento do corpo (BL), largura da espádua (SW), circunferência do pescoço (NC), comprimento da cabeça (HeL), largura da cabeça (HW), comprimento do chifre (HL) e comprimento do jarrete (HoL).

As diferentes medidas do corpo são explicadas da seguinte forma:

Comprimento do corpo: É a distância entre o ponto anterior do ombro (tuberosidade do úmero) e a extremidade posterior do osso da anca (tuberischii). É também descrita como a distância entre o processo espinhoso palpável mais cranial das vértebras torácicas e os tubérculos esquíticos.

Perímetro do coração: Medida da circunferência do corpo no ponto mais estreito imediatamente atrás da espádua, perpendicular ao eixo do corpo.

Perímetro da pança: Medido como a circunferência do corpo mesmo à frente da pata traseira, perpendicular ao eixo do corpo.

Altura da alcatra: Medida verticalmente a partir da parte superior da cintura pélvica até ao chão.

Altura do garrote: A distância entre o ponto mais dorsal do garrote e o nível do solo. É também medida verticalmente a partir da crista entre os ossos da espádua até ao casco anterior.

Comprimento da alcatra: Considerado como a distância entre a base da cauda e o ponto mais alto da alcatra, paralelo ao dorso do animal, ou medido entre a ponta da anca e o ísquio.

Comprimento da cauda: Medido da base da cauda até à ponta (vértebras coccígeas).

Comprimento da orelha: Medido como a distância da base da orelha até ao arco zigomático da orelha.

Comprimento da pata dianteira: Medido como a distância entre as extremidades do processo olecraniano e o ponto médio-lateral da coroa.

Comprimento da perna traseira: Considerado como a medida do membro posterior.

Largura do ombro: Medida como a distância horizontal entre os dois ombros ou a distância entre as tuberosidades laterais do úmero, que também é descrita como o ponto mais largo sobre o músculo intraspinatus.

Circunferência do pescoço: Considerada como a circunferência do pescoço no ponto médio.

Comprimento da cabeça: Distância entre os cornos e o lábio superior.

Largura da cabeça: distância entre as extremidades exteriores dos dois olhos.

Comprimento do chifre: Considerado como o comprimento do chifre.

Comprimento do jarrete: Medido desde o cotovelo até ao casco.

O procedimento e os pontos de referência anatómicos para as respectivas medidas corporais são descritos por Searle *et al.*, (1989); Salako e Ngere (2002).

Foram também examinados caracteres qualitativos como a cor da pelagem, o barbilhão, a presença de chifres e a cor dos chifres.

3.4 Índices morfológicos

Os índices morfológicos foram calculados com base nos métodos de Salako (2006) e Alderson (1999), a fim de avaliar o tipo e a função das quatro raças de ovinos. Os índices morfológicos foram calculados da seguinte forma:

1. Inclinação da altura = altura do garrote - altura da alcatra
2. Índice de comprimento = comprimento do corpo / altura do garrote
3. Inclinação da largura = largura da garupa / largura do ombro
4. Índice de profundidade = profundidade do peito / altura do garrote
5. Profundidade do peito = altura do garrote - comprimento da perna dianteira
6. Índice de perímetro = perímetro da barriga/perímetro do coração
7. Índice cefálico = comprimento da cabeça/largura da cabeça
8. Equilíbrio (BALC) = (comprimento da alcatra x largura da alcatra) / (profundidade do tórax x largura da espádua) O índice cumulativo não foi possível porque o peso corporal não estava disponível para utilização neste estudo.

Os rácios calculados incluem WH:BL, BL:SW, RLL:HoL e RLL:FLL

Placa 6: Pontos de referência anatómicos tal como descritos por Searle *et al.,* (1989); Salako e Ngere (2002)

Comprimento da garupa (RL), comprimento da cauda (TL), altura da cernelha (WH), perímetro cardíaco (HG), perímetro da pança (PG), altura da garupa (RH), comprimento da orelha (EL), comprimento da pata dianteira (FLL), comprimento da pata traseira (RLL), comprimento do corpo (BL), circunferência do pescoço (NC), comprimento da cabeça (HeL), largura da cabeça (HW), comprimento do chifre (HL) e comprimento do jarrete (HoL).

3.5.1 Análise estatística

3.5.2 Estatísticas descritivas

Foram geradas estatísticas descritivas das variáveis para cada raça, mostrando as médias, o desvio padrão (DP), o coeficiente de variação (CV) e o erro padrão das médias.

3.5.3 Análise de correlação

A correlação de Pearson foi efectuada nos parâmetros morfométricos para determinar o grau de associação entre as medidas lineares. Isto foi feito para avaliar a alteração da magnitude das associações entre as variáveis. Foi efectuada com a opção de correlação bivariada utilizando o IBM SPSS Versão 19.

3.5.4 Análise de componentes principais

Os dados foram primeiro inspeccionados para verificar a adequação da amostragem utilizando o teste Kaiser-Meyer-Olkin (KMO). O teste de esfericidade de Bartlett testa a hipótese nula de que o teste é uma matriz de identidade e espera-se que seja significativo antes de se poder efetuar a análise fatorial. Os dados foram também inspeccionados quanto a multicolinearidade e singularidade. A análise fatorial foi efectuada utilizando o método de extração da análise dos componentes principais (ACP). Esta análise foi efectuada numa única etapa, utilizando o programa Fator do pacote estatístico SPSS.

3.5.5 Teste de Levene

A análise de variância é uma ferramenta estatística com pressupostos básicos e um dos pressupostos da análise de variância é a igualdade das variâncias dos erros. O teste de Levene foi utilizado para verificar se os dados obedeciam a este pressuposto, uma vez que esta é a condição que tinha de ser satisfeita antes de a ANOVA poder ser efectuada nos dados.

3.5.6 Análise univariada de variância (ANOVA)

Foi efectuada uma análise univariada da variância (ANOVA) para verificar se existem diferenças significativas nos caracteres morfométricos entre as raças. Foi utilizado o teste de Duncan para agrupar as médias (Steel e Torrie, 1980).

3.5.7 Análise Discriminante

Foi efectuada uma análise discriminante passo a passo para identificar os parâmetros morfométricos que melhor servem de marcador racial entre as raças de ovinos investigadas. Para o efeito, utilizou-se a opção de análise discriminante de classificação de variáveis através do programa Statistical Package for Social Science (IBM SPSS versão 19).

3.5.8 Análise hierárquica de clusters

Foi efectuada uma análise hierárquica de agrupamentos para obter as distâncias euclidianas entre as quatro raças com um gráfico de dendograma.

CAPÍTULO 4

4.0 RESULTADOS

1.1.1 Descrição dos traços biométricos

A estatística descritiva das quatro raças de ovinos estudadas é apresentada no Quadro 1. Embora se tenha verificado que as ovelhas Balami e WAD apresentavam valores mais elevados e menos elevados para a maioria das caraterísticas consideradas, respetivamente, as ovelhas Uda também apresentavam valores mais elevados, mas para menos caraterísticas do que as Balami. Por conseguinte, os quatro ovinos autóctones da Nigéria podem ser agrupados em dois grupos fenotípicos com base nos parâmetros estudados. As ovelhas Balami e Uda também apresentaram valores consistentemente mais elevados do que as ovelhas Yankasa ou WAD.

1.1.2 Comprimento do corpo: O comprimento médio do corpo das ovelhas Yankasa, Uda, Balami e WAD é apresentado no Quadro 1a. A maior diferença de 13,24 cm no comprimento do corpo foi observada entre as ovelhas Balami e WAD. A disparidade entre o comprimento do corpo das ovelhas Yankasa e WAD foi de 9,11 cm, muito mais do que a diferença de 1,09 cm obtida entre as ovelhas Balami e Uda. O coeficiente de variação varia entre 12,12% e 12,48%.

1.1.3 Altura do garrote: A altura média na cernelha das ovelhas Yankasa, Uda, Balami e WAD está resumida na Tabela 1a. A ovelha Uda, sendo a mais alta na cernelha, era mais alta do que a WAD em 15,75 cm. Os 15,75 cm obtidos como diferença na altura ao garrote entre a Yankasa e a WAD foram muito superiores aos 1,4 cm registados como diferença entre a Balami e a Uda para a altura ao garrote. Esta afirmação é apoiada pelo resultado da separação média apresentada no Quadro 2.

1.1.4 Perímetro cardíaco: A média do perímetro cardíaco das ovelhas Yankasa, Uda, Balami e WAD é apresentada no Quadro 1a. A diferença entre as ovelhas Uda e WAD no que respeita ao perímetro cardíaco foi de 12,99 cm. A ovelha Balami estava próxima da ovelha Uda em 2,25 cm e as ovelhas WAD e Yankasa estavam próximas uma da outra em 7,33 cm no que respeita à circunferência do coração. Os coeficientes de variação variaram de 10,76 a 11,98.

1.1.5 Perímetro da pança: O perímetro médio da pança das ovelhas Yankasa, Uda, Balami e WAD é apresentado no Quadro 1a. A diferença no perímetro da pança entre as ovelhas Uda e WAD foi de 17,74 cm. As ovelhas Uda e Balami, com uma diferença de 1,22 cm, eram significativamente mais altas em termos de perímetro da barriga do que as ovelhas Yankasa e WAD, com uma diferença de 10,74 cm.

Os coeficientes de variação para o perímetro cardíaco variaram entre 12,14 e 13,77

1.1.6 Altura da alcatra: A altura média da alcatra das ovelhas Yankasa, Uda, Balami e WAD é apresentada no Quadro 1a. A ovelha Uda, sendo a mais alta na alcatra, era mais alta do que a raça mais baixa na alcatra em 14 cm. A tendência da altura do garupa para as raças também seguiu o que foi observado na altura do garrote, com as ovelhas Uda e Balami a terem uma altura do garupa mais próxima do que as Yankasa e WAD. A disparidade na altura da alcatra entre a Uda e a Balami foi de 1,56 cm. A diferença na altura da alcatra entre as ovelhas Yankasa e WAD foi de 10,4 cm.

1.1.7 Largura da alcatra: A largura média da alcatra das ovelhas Yankasa, Uda, Balami e WAD é apresentada nos quadros 1a e 1b. A diferença na largura da garupa entre as ovelhas Balami e WAD foi de 7 cm. O coeficiente de variação variou de 15,08 a 31,50. O elevado coeficiente de variação observado indica falta de seleção ou o animal pode não ter respondido à seleção.

1.1.8 Comprimento da alcatra: O comprimento médio da alcatra das ovelhas Yankasa, Uda, Balami e WAD é apresentado no Quadro 1b. A disparidade entre as ovelhas Balami e WAD para o comprimento da alcatra foi de 4,8 cm. A diferença entre o comprimento da alcatra de Balami e Uda foi menor do que a discrepância entre Yankasa e WAD. 0,16 cm foi a diferença entre o comprimento da alcatra do Balami e do Uda, enquanto o Yankasa e o WAD estavam separados por 1,4 cm no que respeita a esta caraterística.

1.1.9 Comprimento da cauda: O comprimento da cauda das ovelhas Yankasa, Uda, Balami e WAD é mostrado na Tabela 1b. 16,81 cm foi a disparidade entre o comprimento da cauda da ovelha com cauda mais comprida e da ovelha com cauda mais curta.

1.1.10Comprimento da orelha: O comprimento da orelha de Yankasa, Uda, Balami e WAD é mostrado na Tabela 1b. A diferença entre os comprimentos das orelhas da Uda e da WAD foi de 5,47 cm. Verificou-se que as orelhas das ovelhas Yankasa eram mais compridas do que as das ovelhas WAD em 2,26 cm, enquanto se registou uma diferença de 0,41 cm entre o comprimento das orelhas das ovelhas Uda e Balami.

1.1.11Comprimento da perna dianteira: O comprimento médio dos membros anteriores de Yankasa, Uda, Balami e WAD é apresentado na Tabela 1b. A diferença no comprimento dos membros anteriores entre Balami e WAD foi de 8,95 cm. Os coeficientes de variação variaram de 13,91 a 15,75.

1.1.12Comprimento da perna traseira: O comprimento médio da perna traseira das ovelhas Yankasa, Uda, Balami e WAD é apresentado no Quadro 1b. A perna traseira da ovelha Uda era mais comprida do que a da ovelha WAD em 7,76 cm. Os coeficientes de variação variaram de 12,22 a 13,81.

1.1.13Largura da espádua: A largura média da espádua das ovelhas Yankasa, Uda, Balami e WAD é apresentada no Quadro 1c. A espádua da ovelha Uda era mais larga do que a da WAD em 6,35 cm. O coeficiente de variação da largura da espádua varia de 16,27 a 21,52

1.1.14Circunferência do pescoço: A circunferência média do pescoço das ovelhas Yankasa, Uda, Balami e WAD é apresentada no Quadro 1c. A diferença na circunferência do pescoço entre as ovelhas Balami e WAD foi de 10,31 cm. Balami e Uda estavam mais próximos do que Yankasa e WAD. A diferença na circunferência do pescoço entre Balami e Uda foi de 0,71 cm, enquanto a diferença entre Yankasa e WAD foi de 7,04 cm.

1.1.15Comprimento da cabeça: O comprimento da cabeça das ovelhas Yankasa, Uda, Balami e WAD é apresentado no Quadro 1c. A diferença no comprimento da cabeça entre as ovelhas Uda e WAD foi de 5,08 cm.

1.1.16Largura da cabeça: A largura média da cabeça das ovelhas Yankasa, Uda, Balami e WAD está resumida na Tabela 1c. A cabeça da ovelha Uda era mais larga do que a da ovelha WAD em 3,21 cm. 0,54 cm foi a diferença na largura da cabeça entre as ovelhas Balami e Uda, enquanto a diferença de 2,03 cm foi observada entre as ovelhas Yankasa e WAD. Os coeficientes de variação variaram de 14,83 a 18,31.

1.1.17Comprimento do chifre: O comprimento médio dos chifres das ovelhas Yankasa, Uda, Balami e WAD é apresentado no Quadro 1c. Obteve-se uma disparidade de 8,39 cm entre os comprimentos dos chifres das ovelhas Uda e WAD. As ovelhas Uda e Yankasa também apresentaram uma diferença de 2,29 cm no comprimento dos seus cornos. Os coeficientes de variação variaram de 36,91 a 40,76. A elevada variabilidade no comprimento do chifre revela o impacto do ambiente no comprimento do chifre.

1.1.18Comprimento do jarrete: O comprimento médio do jarrete das ovelhas Yankasa, Uda, Balami e WAD é apresentado nos Quadros 1c e 1d. O comprimento do jarrete das ovelhas Uda foi superior ao das ovelhas WAD em 5,73 cm. Os 0,12 cm obtidos como diferença nos comprimentos dos jarretes entre as ovelhas Uda e Balami foram significativamente inferiores aos 3,67 cm registados como diferença entre as ovelhas Yankasa e WAD. Os coeficientes de variação para a circunferência do coração variaram de 8,81 a 13,26

Tabela 1a: Estatísticas descritivas das medidas corporais

PARÂMETRO	RAÇA	MÉDIA±SD	CV	SEM
Comprimento do corpo	Yankasa	66.93±8.35	12.48	0.43
	Uda	69.97±8.57	12.25	0.42
	Balami	71.06±10.04	12.13	0.67
	WAD	57.82±7.08	12.12	0.53
Altura da cernelha	Yankasa	71.99±7.60	9.74	0.39
	Uda	77.41±8.60	11.11	0.42
	Balami	76.01±8.70	11.45	0.58
	WAD	61.66±7.76	12.59	0.58
Perímetro do coração	Yankasa	75.99±8.18	10.76	0.41
	Uda	81.65±9.55	11.70	0.47
	Balami	79.40±9.51	11.98	0.64
	WAD	68.66±8.07	11.75	0.61
Perímetro da cintura	Yankasa	86.12±11.39	13.23	0.58
	Uda	93.46±12.08	12.93	0.59
	Balami	92.24±11.20	12.14	0.75
	WAD	75.72±10.40	13.77	0.78
Altura da alcatra	Yankasa	70.48±6.89	9.78	0.35
	Uda	75.14±9.42	12.54	0.46
	Balami	73.58±8.00	10.88	0.63
	WAD	61.14±8.77	14.34	0.66
Largura da alcatra	Yankasa	19.14±6.03	31.50	0.32
	Uda	18.70±3.99	21.33	0.62

Tabela 1b: Estatísticas descritivas das medidas corporais

PARÂMETRO	RAÇA	MÉDIA±SD	CV	SEM
	Balami	21.14±3.56	16.84	0.24
	WAD	14.72±2.22	15.08	0.19
Comprimento da alcatra	Yankasa	23.21±3.12	13.44	0.16
	Uda	24.61±3.43	13.94	0.17
	Balami	24.77±3.61	14.57	0.24
	WAD	19.97±3.30	16.52	0.25
Comprimento da cauda	Yankasa	38.81±7.40	19.07	0.38
	Uda	43.20±7.12	16.48	0.35
	Balami	41.28±8.64	20.93	0.57
	WAD	26.39±7.19	27.25	0.54
Comprimento da orelha	Yankasa	13.84±2.21	15.97	0.11
	Uda	16.94±3.99	23.55	0.20
	Balami	16.47±3.55	21.55	0.23
	WAD	11.47±2.06	17.96	0.15
Comprimento da perna dianteira	Yankasa	47.96±6.74	14.05	0.35
	Uda	50.81±7.07	13.91	0.35
	Balami	51.40±7.79	15.15	0.52
	WAD	42.45±6.69	15.76	0.50
Comprimento da perna traseira	Yankasa	54.74±6.69	12.22	0.34
	Uda	57.87±7.43	12.84	0.37
	Balami	57.55±7.95	13.81	0.53
	WAD	50.11±6.42	12.82	0.48

Tabela 1c: Estatísticas descritivas das medidas corporais

PARÂMETRO	RAÇA	MÉDIA±SD	CV	SEM
Largura do ombro	Yankasa	22.55±3.67	16.27	0.20
	Uda	24.57±4.16	16.93	0.20
	Balami	23.88±5.14	21.52	0.34
	WAD	18.22±3.92	21.51	0.34
Circunferência do pescoço	Yankasa	42.57±7.45	17.50	0.38
	Uda	45.13±7.16	15.87	0.35
	Balami	45.84±8.27	18.04	0.55
	WAD	35.53±6.77	19.05	0.50
Comprimento da cabeça	Yankasa	24.36±2.97	12.19	0.15
	Uda	26.35±3.90	14.80	0.19
	Balami	25.91±3.84	14.82	0.26
	WAD	21.27±3.17	14.90	0.23
Largura da cabeça	Yankasa	14.66±2.30	15.69	0.12
	Uda	15.30±2.27	14.83	0.11
	Balami	15.84±2.90	18.31	0.19
	WAD	12.63±2.23	17.66	0.17
Comprimento da buzina	Yankasa	22.73±8.39	36.91	0.47
	Uda	25.02±8.95	35.77	0.47
	Balami	22.67±9.24	40.76	0.66
	WAD	16.67±6.77	40.61	0.60
Comprimento do jarrete	Yankasa	30.51±3.06	10.02	0.16
	Uda	32.57±2.87	8.81	0.14

Tabela 1d: Estatísticas descritivas das medidas corporais

PARÂMETRO	RAÇA	MÉDIA±SD	CV	SEM
	Balami	32.45±3.86	11.90	0.26
	WAD	26.84±3.56	13.26	0.27

4.2 Separação de médias da ANOVA univariada para traços biométricos

O resultado da separação das médias dos traços biométricos de quatro raças autóctones de ovinos, utilizando o teste de Duncan de intervalos múltiplos, é apresentado no Quadro 2. O resultado da análise univariada da variância (ANOVA) mostrou que o efeito do genótipo em todas as caraterísticas consideradas era significativo (p<0,05). Embora o erro individual de estimativa das médias não tenha sido registado, o erro combinado de estimativa para cada caraterística mostrou que o erro de estimativa das médias era insignificante para todos os caracteres considerados. O erro de estimativa das médias neste estudo variou entre 0,08 e 0,38, o que é negligenciável considerando as médias que têm este erro padrão. As ovelhas Balami apresentaram as médias mais elevadas e significativas para RW, HW e HoL (p<0,05). As ovelhas Uda apresentaram as médias mais elevadas e significativas para WH, HG, RH e TL (p<0,05). Não houve diferença significativa entre as ovelhas Balami e Uda para BL, PG, RL, EL, FIL, RLL, SW, NC, HeL e HL (p>0,05). Tanto as ovelhas Balami como as Uda apresentaram valores médios significativamente mais elevados do que as ovelhas Yankasa ou WAD para todas as caraterísticas consideradas neste estudo. As ovelhas WAD apresentaram as médias menos significativas para todos os parâmetros, embora as médias obtidas para este genótipo fossem próximas das registadas para as ovelhas Yankasa.

Tabela 2: Separação de médias por intervalo múltiplo de Duncan para a ANOVA univariada de caracteres morfométricos de ovinos nigerianos. (Média±SEM)

Parâmetro	Yankasa	Uda	Balami	WAD
BL	66.93 ± 0.43^b	69.97 ± 0.42^a	71.06 ± 0.67^a	57.82 ± 0.53^c
WH	71.99 ± 0.39^c	77.41 ± 0.42^a	76.01 ± 0.58^b	61.66 ± 0.28^d
HG	75.99 ± 0.42^c	81.65 ± 0.47^a	79.40 ± 0.64^b	68.66 ± 0.61^d
PG	86.12 ± 0.58^b	93.46 ± 0.59^a	92.24 ± 0.75^a	75.72 ± 0.78^c
RH	70.48 ± 0.35^c	75.14 ± 0.46^a	73.58 ± 0.53^b	61.14 ± 0.66^d
RW	19.14 ± 0.32^b	18.70 ± 0.20^b	21.14 ± 0.64^a	14.72 ± 0.19^c
RL	23.21 ± 0.16^b	24.61 ± 0.17^a	24.77 ± 0.24^a	19.97 ± 0.25^c
TL	38.81 ± 0.38^c	43.20 ± 0.35^a	41.28 ± 0.58^b	26.39 ± 0.54^d
EL	13.84 ± 0.11^b	16.94 ± 0.20^a	16.47 ± 0.24^a	11.47 ± 0.15^c
FIL	47.96 ± 0.35^b	50.81 ± 0.35^a	51.40 ± 0.52^a	42.45 ± 0.50^c
RLL	54.74 ± 0.34^b	57.87 ± 0.37^a	57.55 ± 0.53^a	50.11 ± 0.48^c
SW	22.55 ± 0.20^b	24.57 ± 0.20^a	23.88 ± 0.34^a	18.22 ± 0.34^c
NC	42.57 ± 0.38^b	45.13 ± 0.35^a	45.84 ± 0.55^a	35.53 ± 0.51^c
HeL	24.36 ± 0.15^b	26.36 ± 0.19^a	25.91 ± 0.26^a	21.21 ± 0.23^c
HW	14.66 ± 0.12^c	15.30 ± 0.11^b	15.85 ± 0.19^a	12.63 ± 0.17^d
HL	22.73 ± 0.47^c	25.02 ± 0.47^b	25.67 ± 0.66^a	16.67 ± 0.60^d
HoL	30.51 ± 0.16^c	32.57 ± 0.14^a	32.45 ± 0.27^a	26.84 ± 0.11^c

^{abcd}Médias na mesma linha com sobrescritos diferentes são significativamente diferentes (p<0.05) Largura da garupa (RW), comprimento da garupa (RL), comprimento da cauda (TL), altura da cernelha (WH), perímetro cardíaco (HG), perímetro da pança (PG), altura da garupa (RH), comprimento da orelha (EL), comprimento da perna dianteira (FLL), comprimento da perna traseira (RLL), comprimento do corpo (BL), largura da espádua (SW), circunferência do pescoço (NC), comprimento da cabeça (HeL), largura da cabeça (HW), comprimento do chifre (HL) e comprimento do jarrete (HoL).

Tabela 3: Comunalidades da extração PCA do traço morfométrico

	Uda		Balami		WAD		Yankasa	
T	Início	l Extração	Inicial	Extração	Inicial	Extração	Extração inicial	
BL	1.000	0 .834	1.000	0 .761	1.000	0.777	1.000	0.753
WH	1.000	0 .793	1.000	0.903	1.000	0.888	1.000	0.860
HG	1.000	0 .853	1.000	0.866	1.000	0.853	1.000	0.743
PG	1.000	0.612	1.000	0.789	1.000	0.736	1.000	0.519
RH	1.000	0.691	1.000	0.856	1.000	0.777	1.000	0.775
RW	1.000	0.780	1.000	0.631	1.000	0.824	1.000	0.851
RL	1.000	0.614	1.000	0.542	1.000	0.652	1.000	0.562
TL	1.000	0.504	1.000	0.466	1.000	0.759	1.000	0.528
EL	1.000	0.512	1.000	0.457	1.000	0.778	1.000	0.595
FLL	1.000	0.783	1.000	0.750	1.000	0.740	1.000	0.752
RLL	1.000	0.834	1.000	0.843	1.000	0.875	1.000	0.873
SW	1.000	0.442	1.000	0.628	1.000	0.537	1.000	0.619
NC	1.000	0.674	1.000	0.499	1.000	0.555	1.000	0.768
HeL	1.000	0.716	1.000	0.553	1.000	0.706	1.000	0.667
HW	1.000	0.515	1.000	0.732	1.000	0.657	1.000	0.813
HL	1.000	0.601	1.000	0.584	1.000	0.691	1.000	0.736
HoL	1.000	0.441	1.000	0.514	1.000	0.891	1.000	0.514

T(Traços), Largura da alcatra (RW), Comprimento da alcatra (RL), Comprimento da cauda (TL), Altura da cernelha (WH), Perímetro do coração (HG), Perímetro da pança (PG), Altura da alcatra (RH), Comprimento da orelha (EL), Comprimento da perna dianteira (FLL), Comprimento da perna traseira (RLL), Comprimento do corpo (BL), Largura da espádua (SW), Circunferência do pescoço (NC), Comprimento da cabeça (HeL), Largura da cabeça (HW), Comprimento do chifre (HL) e Comprimento do jarrete (HoL).

4.3 Comunalidades de extração para ovinos

O resultado das comunalidades da análise de componentes principais é apresentado na Tabela 3. Antes da extração, assumiu-se uma variância absoluta de 100%. A comunalidade após a extração é a proporção da variância total que é partilhada ou comum. A variância restante é a variância específica e a variância devida a diferentes fontes de erro (variância residual).

Os caracteres medidos nas ovelhas Uda tinham variâncias partilhadas de 0,834, 0,793, 0,853, 0,612, 0,691, 0,780, 0,614, 0,504, 0,512, 0,783, 0,834, 0,442, 0,674, 0,716, 0,515, 0,601 e 0.441 para o comprimento do corpo, a altura do garrote, o perímetro cardíaco, o perímetro da pança, a altura da alcatra, a largura da alcatra, o comprimento da alcatra, o comprimento da cauda, o comprimento da orelha, o comprimento do membro anterior, o comprimento do membro posterior, a largura da espádua, o perímetro do pescoço, o comprimento da cabeça, a largura da cabeça, o comprimento do chifre e o comprimento do jarrete, respetivamente.

Os caracteres morfométricos medidos nos ovinos Balami apresentaram comunalidades de 0,761, 0,903, 0,866,

0,789, 0,856, 0,631, 0,542, 0,466, 0,457, 0,750, 0,843, 0,628, 0,499, 0,553, 0,732, 0,584 e 0.514 para o comprimento do corpo, altura da cernelha, perímetro cardíaco, perímetro da pança, altura da alcatra, largura da alcatra, comprimento da alcatra, comprimento da cauda, comprimento da orelha, comprimento do membro anterior, comprimento do membro posterior, largura da espádua, perímetro do pescoço, comprimento da cabeça, largura da cabeça, comprimento do chifre e comprimento do jarrete respetivamente.

As caraterísticas biométricas medidas nas ovelhas WAD tiveram variâncias comuns de 0,777, 0,888, 0,853, 0,736, 0,777, 0,824, 0,652, 0,759, 0,778, 0,740, 0,875, 0,537, 0,555, 0,706, 0,657, 0,691 e 0.891 para o comprimento do corpo, a altura do garrote, o perímetro cardíaco, o perímetro da pança, a altura da alcatra, a largura da alcatra, o comprimento da alcatra, o comprimento da cauda, o comprimento da orelha, o comprimento do membro anterior, o comprimento do membro posterior, a largura da espádua, o perímetro do pescoço, o comprimento da cabeça, a largura da cabeça, o comprimento do chifre e o comprimento do jarrete, respetivamente.

Os caracteres medidos nas ovelhas Yankasa tinham comunalidades de 0,753, 0,860, 0,743, 0,519, 0,775, 0,851, 0,562, 0,528, 0,595, 0,752, 0,873, 0,619, 0,768, 0,667, 0,813, 0,736 e 0.514 para o comprimento do corpo, a altura do garrote, o perímetro cardíaco, o perímetro da pança, a altura da alcatra, a largura da alcatra, o comprimento da alcatra, o comprimento da cauda, o comprimento da orelha, o comprimento do membro anterior, o comprimento do membro posterior, a largura da espádua, o perímetro do pescoço, o comprimento da cabeça, a largura da cabeça, o comprimento do chifre e o comprimento do jarrete, respetivamente.

O resultado do teste de Levene para a igualdade das variâncias dos erros é apresentado no quadro 4.

Este resultado mostrou que os dados obtidos neste estudo obedecem ao pressuposto da igualdade das variâncias dos erros.

Quadro 4: Teste de Levene da igualdade das variâncias dos erros

	F	dfl	df2	Sig.
RW	3.241	3	933	0.621
RL	2.672	3	933	0.680
TL	2.995	3	933	0.655
EL	2.870	3	933	0.656
FLL	2.831	3	933	0.657
RLL	2.375	3	933	0.672
BL	3.516	3	933	0.607
WH	4.090	3	933	0.557
HG	3.944	3	933	0.608
PG	3.156	3	933	0.622
RH	2.414	3	933	0.640
EleL	4.945	3	933	0.540
HW	1.598	3	933	0.910
HL	1.741	3	933	0.843
HoL	1.140	3	933	0.926
SW	1.180	3	933	0.903
NC	1.133	3	933	0.935

Largura da garupa (RW), comprimento da garupa (RL), comprimento da cauda (TL), altura da cernelha (WH), perímetro cardíaco (HG), perímetro da pança (PG), altura da garupa (RH), comprimento da orelha (EL), comprimento da perna dianteira (FLL), comprimento da perna traseira (RLL), comprimento do corpo (BL), largura da espádua (SW), circunferência do pescoço (NC), comprimento da cabeça (HeL), largura da cabeça (H W), comprimento do chifre (HL) e comprimento do jarrete (HoL).

Quadro 5: Matriz de correlação de Pearson para os traços morfométricos dos ovinos nigerianos

	SW	NC	HeL	HW	HL	HoL	RW	RL	TL	EL	FLL	BL	WH	HG	PG	RH	RLL
SW	1																
NC	.591																
HeL	.541	.533	1														
HW	.556	.492	.519	1													
HL	.448	.613	.559	.468	1												
HoL	.536	.580	.569	.519	.509	1											
RW	.482	.365	.362	.635	.272	.371	1										
RL	.502	.625	.512	.518	.492	.589	.406	1									
TL	.540	.530	.652	.533	.440	.669	.351	.541	1								
EL	.426	.423	.578	.424	.366	.567	.277	.451	.572	1							
FLL	.310	.529	.504	.369	.551	.584	.114	.564	.509	.523	1						
BL	.606	.618	.665	.682	.592	.632	.656	.583	.650	.521	.457	1					
WH	.632	.642	.780	.602	.639	.726	.434	.614	.753	.664	.648	.778	1				
HG	.658	.631	.772	.581	.677	.638	.429	.560	.659	.609	.565	.759	.865	1			
PG	.584	.636	.658	.534	.611	.600	.371	.583	.621	.551	.553	.679	.747	.731	1		
RH	.559	.548	.713	.549	.574	.649	.399	.528	.688	.626	.593	.690	.829	.756	.689	1	
RLL	.313	.486	.535	.308	.579	.576	.001^{+}	.497	.505	.573	.815	.430	.675	.597	.552	.621	1

($^{+}$)Coeficiente de correlação que não é significativo a p<0,01

4.4 Análise de correlação

O resultado da correlação de Pearson para os caracteres morfométricos é apresentado no Quadro 6. A análise de correlação mede o grau de associação entre variáveis. Todos os parâmetros corporais, exceto a correlação entre RLL e RW, apresentaram correlações positivas significativas. O coeficiente de correlação mais elevado foi obtido para a associação entre HG e WH (0,865)

A correlação menos significativa foi observada entre HL e RW com o coeficiente de correlação de 0,277. Esta correlação significativa entre quase todos os parâmetros sugere a adequação destes dados para a análise de componentes principais.

4.5 Análise de componentes principais

O resultado do teste Kaiser-Meyer Olkin (KMO) de adequação da amostragem e do teste de esfericidade de Bartlett para os quatro genótipos é apresentado no quadro 6. O valor mínimo de 50% (0,5) para o teste KMO antes de se poder efetuar a análise PCA foi documentado por Kaiser (1974). Foram obtidos valores de KMO de 0,938, 0,923, 0,919 e 0,932 para as ovelhas WAD, Balami, Yankasa e Uda. Este resultado revelou que a dimensão da amostra deste estudo era adequada para proceder à análise da ACP.

Os resultados que mostram a proporção da variância total explicada pelos diferentes componentes da análise PCA para as ovelhas WAD, Balami, Uda e Yankasa são apresentados nos quadros 7, 8, 9 e 10, respetivamente. Foram extraídos dois componentes para a análise que tinham variância suficiente para justificar este estudo. 72,95%, 66,91%, 57,43% e 63,95% da variância total foi explicada pelos dois componentes extraídos para as ovelhas WAD, Balami, Uda e Yankasa, respetivamente.

As matrizes não rodadas e rodadas varimaxalmente da extração PCA para os quatro genótipos em que as cargas foram claramente indicadas são apresentadas nas tabelas 11 e 12. A rotação varimax foi a melhor escolha devido ao pressuposto de ortogonalidade e foi efectuada para mostrar claramente o componente em que cada um dos parâmetros morfométricos carrega. As cargas são a correlação entre estes parâmetros e o componente.

4.6 Análise Discriminante

Os resultados do M de Box, do resumo da análise discriminante por etapas, da matriz de estrutura e das funções nos centróides dos grupos são apresentados nas tabelas 14, 15, 16 e 17, respetivamente. O resultado do Box's M testa a hipótese nula de que as matrizes de covariância não diferem entre os grupos, embora este pressuposto tenha sido violado, não foi considerado importante devido à grande dimensão da amostra utilizada para este estudo. Das três funções geradas para os quatro grupos genotípicos investigados, apenas duas funções são praticamente significativas, porque nenhuma das variáveis apresenta cargas significativas na terceira função.

Quadro 6: KMO e teste de Bartlett

KMO e teste de Bartlett		
WAD	Medida de adequação da amostragem de Kaiser-Meyer-Olkin	0.938
	Teste de esfericidade de Bartlett Qui-quadrado aproximado	1437.56
	Sig.	0.000
BALAMI	Medida de adequação da amostragem de Kaiser-Meyer-Olkin	0.923
	Teste de esfericidade de Bartlett Qui-quadrado aproximado	2944.49
	Sig.	0.000
YANKASA	Medida de adequação da amostragem de Kaiser-Meyer-Olkin	0.919
	Teste de esfericidade de Bartlett Qui-quadrado aproximado	3973.88
	Sig.	0.000
UDA	Medida de adequação da amostragem de Kaiser-Meyer-Olkin	0.932
	Teste de esfericidade de Bartlett Qui-quadrado aproximado	4044.57
	Sig.	0.000

Tabela 7: Proporção da variância total explicada por diferentes componentes para a AAD

Componente	Valores próprios iniciais			Extração Somas de cargas quadradas			Somas de cargas quadráticas de rotação		
	Total	% de V ariança	Acumulado %	Total	% de Desvio	Acumulado %	Total	% de V ariança	Acumulado %
1	11.212	65.953	65.953	11.212	65.953	65.953	6.814	40.083	
2	1.190	6.998	72.950	1.190	6.998	72.950	5.587	32.867	
3	0.875	5.149	78.100						
4	0.706	4.154	82.253						
5	0.604	3.554	85.807						
6	0.465	2.733	88.540						
7	0.320	1.880	90.420						
8	0.270	1.589	92.009						
9	0.226	1.328	93.337						
10	0.219	1.291	94.628						
11	0.198	1.166	95.794						
12	0.193	1.134	96.928						
13	0.170	1.000	97.928						
14	0.127	0.748	98.676						
15	0.096	0.565	99.241						
16	0.073	0.432	99.673						
17	0.056	0.327	100.000						

Quadro 8: Proporção da variância total explicada por diferentes componentes para o Baiami

Componente	Valores próprios iniciais			Extração Somas de cargas quadradas			Somas de cargas quadráticas de rotação		
	Total	% de Desvio	% acumulada	Total	% de V ariança	Acumulado %	Total	% de Variação	Acumulado %
1	9.318	54.815	54.815	9.318	54.815	54.815	6.041	35.534	35.534
2	2.056	12.096	66.911	2.056	12.096	66.911	5.334	31.376	66.911
3	0.855	5.031	71.942						
4	0.723	4.255	76.197						
5	0.699	4.113	80.311						
6	0.563	3.313	83.624						
7	0.522	3.071	86.695						
8	0.418	2.459	89.154						
9	0.355	2.090	91.244						
10	0.338	1.989	93.233						
11	0.255	1.503	94.736						
12	0.221	1.300	96.037						
13	0.199	1.172	97.209						
14	0.162	0.956	98.164						
15	0.139	0.819	98.984						
16	0.113	0.667	99.650						
17	0.059	0.350	100.000						

Quadro 9: Proporção da variância total explicada por diferentes componentes para Uda

Componente	Valores próprios iniciais			Extração Somas de cargas quadradas			Somas de Rotação de Cargas Quadradas		
	Total	% de V ariança	% acumulada	Total	% de V ariança	% acumulada	Total	% de V ariança	Acumulado %
1	8.173	48.077	48.077	8.173	48.077	48.077	5.987	35.217	35.217
2	1.590	9.351	57.428	1.590	9.351	57.428	3.776	22.211	57.428
3	1.438	8.459	65.887						
4	0.700	4.117	70.004						
5	0.673	3.957	73.962						
6	0.650	3.826	77.788						
7	0.603	3.548	81.336						
8	0.559	3.288	84.624						
9	0.478	2.813	87.437						
10	0.409	2.406	89.843						
11	0.366	2.155	91.998						
12	0.329	1.937	93.935						
13	0.317	1.863	95.797						
14	0.247	1.451	97.249						
15	0.214	1.261	98.510						

Quadro 10: Proporção da variância total explicada por diferentes componentes para a Yankasa

Componente	Valores próprios iniciais			Extração Somas de cargas quadradas			Somas de Rotação de Cargas Quadradas		
	Total	% de V ariança	Acumulado %	Total	% de V ariança	% acumulada	Total	% de Desvio	Acumulado %
1	8.543	50.251	50.251	8.543	50.251	50.251	6.387	37.570	37.570
2	2.329	13.701	63.953	2.329	13.701	63.953	4.485	26.383	63.953
3	1.087	6.395	70.348						
4	0.867	5.103	75.451						
5	0.659	3.875	79.326						
6	0.560	3.291	82.617						
7	0.490	2.880	85.497						
8	0.458	2.692	88.189						
9	0.416	2.446	90.635						
10	0.350	2.061	92.696						
11	0.260	1.529	94.225						
12	0.245	1.439	95.664						
13	0.202	1.189	96.854						
14	0.166	0.974	97.828						
15	0.149	0.874	98.703						
16	0.123	0.722	99.424						
17	0.098	0.576	100.000						

Table 11: Matriz de componentes da extração PCA sem rotação para as ovelhas Uda, Balami, WAD e Yankasa

	Uda		Balami		WAD		Yankasa	
	PC1	PC 2	PC 1	PC2	PC1	PC2	PC1	PC 2
Traits								
BL	0.858	-0.158	0.813	0.316	0.865	0.172	0.738	0.456
WH	0.859	-0.171	0.946	-0.089	0.941	0.056	0.911	-0.077
HG	0.904	-0.177	0.929	-0.053	0.899	0.213	0.54	0.003
PG	0.775	-0.022	0.884	-0.085	0.845	0.147	0.687	-0.061
RH	0.742	-0.282	0.921	-0.089	0.875	-0.107	0.846	-0.074
RW	0.699	-0.218	0.497	0.619	0.640	0.339	0.413	0.825
RL	0.501	0.540	0.729	0.130	0.809	-0.021	0.657	0.060
TL	0.605	-0.325	0.679	0.068	0.839	-0.233	0.643	0.119
EL	0.597	-0.162	0.633	-0.238	0.651	-0.594	0.466	0.218
FLL	0.575	0.511	0.607	-0.618	0.765	-0.410	0.656	0.535
RLL	0.618	0.376	0.568	-0.721	0.913	-0.203	0.614	0.704
SW	0.617	0.017	0.626	0.485	0.617	0.395	0.719	0.307
NC	0.581	0.477	0.706	0.018	0.706	0.236	0.747	0.011
HeL	0.756	0.358	0.744	-0.016	0.829	0.137	0.754	0.127
HW	0.655	0.129	0.669	0.534	0.809	0.051	0.640	0.633
HL	0.682	0.333	0.735	-0.211	0.811	0.181	0.789	0.248
HoL	0.610	0.260	0.717	0.015	0.902	-0.283	0.733	0.082

Table 12: Matriz de componentes da extração PCA com rotação Varimax para os ovinos Uda, Balami, WAD e Yankasa

	Uda		Balami		WAD		Yankasa	
Traits	**PC1**	**PC 2**	**PC1**	**PC 2**	**PC1**	**PC 2**	**PC1**	**PC2**
BL	0.792	0.365	0.390	0.780	0.762	0.444	0.327	0.802
WH	0.801	0.355	0.760	0.570	0.741	0.582	0.781	0.474
HG	0.841	0.377	0.723	0.585	0.815	0.435	0.688	0.505
PG	0.646	0.428	0.712	0.531	0.730	0.450	0.591	0.35
RH	0.769	0.197	0.742	0.553	0.585	0.660	0.727	0.438
RW	0.697	0.225	-0.048	0.793	0.704	0.170	-0.153	0.910
RL	0.098	0.730	0.449	0.583	0.592	0.551	0.496	0.435
TL	0.682	0.083	0.457	0.507	0.474	0.731	0.450	0.475
EL	0.581	0.212	0.628	0.249	0.094	0.877	0.505	0.098
FLL	0.175	0.748	0.865	-0.051	0.295	0.808	0.845	-0.045
RLL	0.288	0.663	0.905	-0.153	0.549	0.757	0.911	-0.207
SW	0.495	0.370	0.138	0.780	0.724	0.113	0.401	0.671
NC	0.200	0.725	0.511	0.488	0.685	0.291	0.610	0.431
HeL	0.824	0.143	0.561	0.488	0.712	0.446	0.684	0.342
HW	0.610	0.272	0.845	0.137	0.640	0.498	0.145	0.889
HL	0.365	0.665	0.686	0.337	0.727	0.402	0.784	0.265
HoL	0.349	0.564	0.521	0.493	0.488	0.810	0.642	0.364

Quadro 13: Valor do índice e rácio corporal dos ovinos Yankasa, Uda, Baiami e WAD

Índice	Y ankasa	Uda	Baiami	WAD
Declive em altura	1.51 ± 0.22^{a}	2.27 ± 0.37^{a}	2.43 ± 0.22^{a}	0.51 ± 0.39^{b}
Índice de comprimento	0.94 ± 0.00^{a}	0.90 ± 0.01^{b}	0.94 ± 0.01^{a}	0.94 ± 0.01^{a}
Largura Declive	$0,85 \pm 0,01^{ab}$	0.77 ± 0.01^{c}	0.88 ± 0.02^{a}	0.82 ± 0.01^{b}
Índice de profundidade	0.33±0.00a	0.34 ± 0.01^{a}	$0,32 \pm 0,01^{ab}$	0.31 ± 0.01^{b}
Índice Cefálico	$1,68 \pm 0,01^{bc}$	1.74 ± 0.01^{a}	1.66 ± 0.01^{c}	$1,71 \pm 0,02^{ab}$
Índice de perímetro	1.14 ± 0.01^{b}	$1,15 \pm 0,01^{ab}$	1.16 ± 0.00^{a}	1.11 ± 0.01^{c}
Equilíbrio	0.83 ± 0.06^{a}	0.76 ± 0.01^{a}	1.01 ± 0.08^{b}	1.02 ± 0.03^{b}
WH:BL	1.08: 1	1.11: 1	1.07: 1	1.07: 1
BL: SW	3.02: 1	2.89: 1	3.04: 1	3.27: 1
RLDHoL	1.80: 1	1.78: 1	1.79: 1	1.88: 1
RLL: FLL	1.15: 1	1.15: 1	1.13: 1	1.19: 1

Altura da cernelha (WH), comprimento da pata dianteira (FLL), comprimento da pata traseira (RLL), comprimento do corpo (BL), largura da espádua (SW) e comprimento do jarrete (HoL).

Quadro 14: Teste de igualdade das matrizes de co-variância

Caixa M	982.049
F-Approx.	8.898
Dfl	108
Df2	331887.684
Sig	0.000

Quadro 15: Resumo da análise discriminante para as ovelhas WAD, Balami, Uda e Yankasa

Variáveis	Lambda de Wilk	F-remover	Nível P
TL	0.76	95.87	0.0001
EL	0.68	64.85	0.0001
RW	0.65	48.31	0.0001
HoL	0.63	38.94	0.0001
RLL	0.62	32.55	0.0001
HG	0.60	28.69	0.0001
WH	0.59	25.92	0.0001
SW	0.58	23.56	0.0001

Tabela 16: Matriz de estrutura para funções discriminantes

	Funções	
Variáveis	1	2
TL	0.762*	0.094
HoL	0.703*	0.259
WH	0.702*	0.174
EL	0.691*	-0.165
HG	0.538*	-0.061
SW	0.538*	0.087
RLL	0.376*	0.105
RW	0.236	0.677*

(*) Funções com cargas significativas

Tabela 17: Funções nos centros de grupo

	Função	
Raça	1	2
Yankasa	-0.368	0.256
Uda	0.556	-0.298
Balami	0.319	0.341
WAD	-1.964	-0.417

Tabela 18: Distâncias genéticas euclidianas entre grupos fenotípicos

	Yankasa	Uda	Balami	WAD
Yankasa	0.00			
Uda	15.07	0.00		
Balami	12.82	4.94	0.00	
WAD	28.18	42.69	40.66	0.00

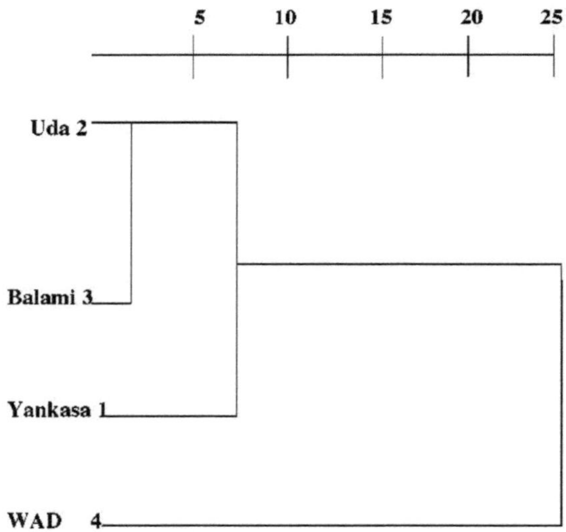

Figura 2: Dendograma que mostra a diversidade e a semelhança entre as raças de ovinos nigerianas.

CAPÍTULO 5

5.0 DISCUSSÃO

5.1.1 Descrição da diversidade morfométrica

Os resultados deste estudo mostraram que a ovelha Uda apresentou o valor mais elevado para a altura da cernelha, com o valor de 77,41±7,60cm, seguida pela Balami, Yankasa e WAD, por ordem decrescente. A altura da alcatra da ovelha Uda foi a mais elevada dos quatro grupos genotípicos utilizados neste estudo, com uma altura da alcatra de 75,14 ± 9,42 cm, seguida da Yankasa, da Balami e da WAD, por ordem decrescente. Este estudo é consistente com o de Salako e Ngere (2002), onde foram registados 76,16±0,97cm e 61,74±0,29cm para a altura da cernelha num estudo semelhante com ovinos Yankasa e WAD, respetivamente, mas estes autores registaram coeficientes de variação mais baixos do que os obtidos neste estudo. A altura da cernelha de 61,92±0,73 cm nas ovelhas Zulu, referida por Kunene *et al.* (2007), e de 59,80±0,52 cm nas ovelhas Malpura, referida por Mehta *et al.* (1995), foi semelhante à obtida neste estudo para as ovelhas WAD, o que indica que estes animais são raças curtas nas suas respectivas regiões. Uma vez que a ovelha WAD é uma raça conhecida como tripanotolerante na Nigéria, a investigação da capacidade de sobrevivência das ovelhas Malpura e Zulu em regiões tripanoendémicas pode revelar o grau de associação entre estas caraterísticas e revelar se a seleção para a baixa estatura pode ser utilizada para melhorar a tripanotolerância.

As alturas ao garrote de 77,99±7,60cm, 77,41±8,60cm e 76,01±8,70cm registadas para Yankasa, Uda e Nalami, respetivamente, foram semelhantes às registadas para algumas raças de ovinos na região árida do Noroeste da Índia. A altura ao garrote das raças Bonpala e Muzzafarnagri foi de 72,77 ± 0,45 cm e 74,38 ± 0,32 cm, respetivamente. A altura ao garrote de até 91,73±5,50 cm também foi registada num estudo sobre a raça ovina africana do Sudão por Musa *et al.* (2006). Neste estudo, registou-se uma correlação positiva elevada (0,829) entre a altura da cernelha e a altura da alcatra dos ovinos.

5.1.2 Declive em altura

A inclinação da altura de um animal é a diferença entre a altura da cernelha e a altura da alcatra (ou seja, altura da cernelha - altura da alcatra). Neste estudo, obtiveram-se inclinações de altura de 1,51±0,22cm, 2,27±0,37cm, 2,43±0,22cm, 0,51±0,39cm para as ovelhas Yankasa, Uda, Balami e WAD, respetivamente. Este resultado mostrou que as ovelhas do Norte eram mais altas na cernelha do que na alcatra, enquanto as do Sul eram equilibradas. Os equilíbrios entre as alturas da cernelha e da alcatra das ovelhas WAD confirmam as razões da sua capacidade de sobrevivência na região Sul. A região sul da Nigéria é uma região com colinas, o que faz com que a topografia seja íngreme e inclinada. Este equilíbrio é essencial para que os animais subam as colinas e desçam os vales de forma eficaz, pelo que se trata de uma caraterística adaptativa importante e é um critério a ter em conta no desenvolvimento de uma raça adequada para esta zona ecológica, porque os animais inclinados podem ter dificuldades em pastar em topografias montanhosas.

As inclinações de altura para Yankasa, Uda e Balami estavam parcialmente em desacordo com os relatórios de Yakubu *et al.*, (2011), embora a altura na cernelha fosse supostamente maior do que a altura na alcatra para as três raças, mas as diferenças não eram tão grandes como as obtidas neste estudo, especialmente para Yankasa. Agaviezor *et al.,* (2012) relataram 0,23 como a diferença entre as alturas da cernelha e da alcatra para ovelhas WAD, o que estava de acordo com o que foi relatado neste estudo. Salako e Ngere (2002) também obtiveram 2,54 e 3,59 para ovelhas WAD e Yankasa, respetivamente.

5.1.3 Comprimentos da perna dianteira, da perna traseira e do jarrete

O comprimento da perna dianteira das ovelhas Balami, Uda, Yankasa e WAD foi de 51,40±7,79cm, 50,81±7,07cm, 47,96±6,74cm e 42,45±6,69cm, respetivamente. A perna traseira das ovelhas Yankasa, Uda, Balami e WAD tinha 54,74±6,69cm, 57,87±7,43cm, 57,55±7,95cm e 50,11±6,42cm, respetivamente. Estas caraterísticas resultam diretamente do desenvolvimento ósseo, que têm uma elevada influência genética e são altamente hereditárias. Assim, a elevada variabilidade observada neste estudo resulta da diversidade dentro das raças e, por conseguinte, há espaço para que estes animais respondam à seleção no que respeita às caraterísticas em questão. Tanto as ovelhas Uda como as Balami tinham pernas significativamente mais altas do que as Yankasa e as WAD ($p<0,05$), pelo que estas raças podem ser referidas como populações separadas no que respeita a estas caraterísticas. O resultado deste estudo foi próximo dos 38,92±0,24cm e 47,7±0,44cm registados por Salako e Ngere (2002) para o pernil dianteiro da WAD e da Yankasa, respetivamente.

30,51±3,06cm, 32,57±2,87cm, 32,45±3,86cm e 26,84±3,56cm foram os comprimentos do jarrete registados para Yankasa, Uda, Balami e WAD, respetivamente. O jarrete é um componente da perna traseira e a sua proporção em relação à perna traseira determina a postura do animal. O rácio entre o comprimento da perna traseira e o comprimento do jarrete foi de 1,80:1, 1,78:1, 1,79:1 e 1,88:1 para Yankasa, Uda, Balami e WAD, respetivamente, pelo que estas ovelhas tinham 55,73%, 56,28%, 56,38% e 53,56% da sua perna traseira como jarrete. O comprimento do jarrete foi ligeiramente mais elevado para as ovelhas do Norte do que para as do Sul (WAD), pelo que se espera um ângulo mais acentuado na articulação tíbio-femoral para estas ovelhas.

1.1.4 Índice de profundidade

O índice de deformação de um animal é a relação entre a profundidade do peito e a altura do garrote. Uma vez que a profundidade do peito diferencia a altura ao garrote do comprimento do pernil dianteiro. Assim, o índice de profundidade está relacionado com o carácter carnudo do animal. Foram obtidos índices de profundidade de 0,33±0,00, 0,34±0,01, 0,32±0,01 e 0,31±0,01 para as ovelhas Yankasa, Uda, Balami e WAD. Este resultado mostrou que a Uda tinha a maior proporção da sua altura como carcaça em relação às outras raças investigadas.

1.1.5 Circunferência (HG, PG, NC)

A circunferência é a distância à volta de um círculo, derivada matematicamente como o produto do diâmetro e do pi (π= 22/7), que determina o tamanho de um círculo e o volume de um cilindro. Embora a circunferência do coração, a circunferência da barriga e a circunferência do pescoço não sejam perfeitamente cilíndricas, o mesmo pressuposto matemático é aplicável a estes traços biométricos.

Foram obtidas circunferências cardíacas de 75,99±8,18cm, 81,65±9,55cm, 79,40±9,51cm e 68,66±8,07cm para as ovelhas Yankasa, Uda, Balami e WAD, respetivamente. A circunferência cardíaca de 86,33±0,91cm e 72,94±0,51cm relatada por Salako e Ngere (2002) foi ligeiramente superior à obtida neste estudo. A circunferência cardíaca de 88,49±0,69cm e 88,36±0,56cm relatada por Handiwirawan *et al.*, (2011) para ovelhas Garut Composite e St. Croix cross da Indonésia foi maior do que a obtida neste estudo para a maior ovelha da Nigéria. O perímetro cardíaco teve uma variabilidade relativamente baixa devido à presença de costelas na região do peito. A elevada variabilidade obtida para o perímetro da barriga foi sugerida como resultado do enchimento intestinal. O perímetro da pança é largamente determinado pela quantidade de ingesta no intestino, o que limita a sua utilização em estudos genéticos, uma vez que o parâmetro depende em grande medida do ambiente.

Tanto a circunferência do coração como a circunferência do pescoço são desprovidas de enchimento intestinal, mas o coeficiente de variação obtido neste estudo varia entre 17,50 e 19,05 para a circunferência do pescoço, o que confirma que a circunferência do pescoço é mais variável do que as circunferências do coração e da barriga. A elevada variabilidade do perímetro do pescoço resulta da presença de crina na região do pescoço. A crina é mais proeminente nas ovelhas WAD, o que é óbvio com o coeficiente de variação mais elevado (19,05) obtido para esta raça. Assim, os 35,53±6,77 cm registados como perímetro médio do pescoço dos ovinos WAD podem ser considerados como uma estimativa excessiva. Embora os pesos vivos dos animais não tenham sido considerados neste estudo, vários autores registaram uma correlação elevada entre o perímetro cardíaco e o peso vivo (Searl *et al.*, 1989; Afolayan *et al.*, 2006). Afolayan *et al.*, (2006) referiram que a circunferência cardíaca representava cerca de 90% da variação do peso corporal e foi utilizada para a previsão do peso isoladamente numa regressão linear simples e em combinação com outras caraterísticas com um nível de precisão apreciável.

1.1.7 Comprimentos do corpo e da alcatra

Foram obtidos comprimentos corporais de 66,93±8,35cm, 71,06±10,04cm, 57,82±7,08cm e 69,77±8,57cm para as ovelhas Yankasa, Balami, WAD e Uda, respetivamente. Salako e Ngere (2002) registaram 62,56±0,37cm e 70,9±0,74cm de comprimento do corpo para ovelhas WAD e Yankasa. Searl *et al.*, (1989) elucidaram que o comprimento do corpo de um animal é desprovido de grande influência ambiental. No entanto, a variabilidade relativamente grande registada neste estudo pode ser o resultado da utilização de dentes para determinar a idade. Os animais utilizados neste estudo foram sujeitos a um maneio extensivo sem qualquer registo, pelo que foi necessário utilizar os dentes permanentes para determinar a sua idade. A utilização de dentes para a determinação da idade não está isenta de erros inerentes. O crescimento dos dentes é largamente determinado pela nutrição, o que faz com que simbolizem mais o desenvolvimento fisiológico do que a idade, o que pode explicar esta variação. Salako e Ngere (2002) também registaram um cenário semelhante quando os dentes foram utilizados para determinar a idade de ovelhas Yankasa e WAD. No presente estudo, registou-se uma correlação fenotípica positiva elevada (0,829) entre os comprimentos do corpo e da alcatra.

1.1.8 Índice de comprimento

O índice de comprimento de um animal é a relação entre o comprimento do corpo e a altura ao garrote. A relação entre o comprimento e a altura de um animal determina a estabilidade do animal em movimento. Este índice pode ser melhor compreendido com o estudo crítico da tendência filogenética dos traços componentes, porque os animais que mantêm um bom equilíbrio entre a altura ao garrote e o comprimento do corpo parecem quadrados e têm normalmente um corpo compacto, o que lhes permite fugir eficazmente dos predadores. Os índices de comprimento de 0,93±0,00, 0,91±0,01, 0,93±0,01 e 0,94±0,01 foram obtidos neste estudo para as ovelhas Yankasa, Uda, Balami e WAD. Foi observado um equilíbrio apreciável nos índices das ovelhas Balami, WAD e Yankasa. As ovelhas Uda pareciam mais altas. Estes índices de comprimento foram semelhantes a 0,84, 095 e 0,99 registados em ovinos St. Croix Cross, Sumatra Composite e Garut Composite da Indonésia (Hardiwirawan *et al.*, 2011).

1.1.9 Comprimento e largura da cabeça

Tanto o comprimento como a largura da cabeça são parâmetros cranianos que estão associados ao desenvolvimento dos ossos cranianos. Estas caraterísticas são largamente influenciadas por caraterísticas genéticas e constituem parte dos traços descritivos de cada raça animal. Os comprimentos da cabeça de 14,66±2,30cm, 15,30±2,27cm, 15,84±2,90cm e 12,63±2,23cm obtidos para Yankasa, Uda, Balami e WAD, respetivamente, foram importantes para a descrição destas raças, mas não tão importantes como os seus rácios em relação à largura da cabeça, que é o índice cefálico. Foram obtidos índices cefálicos de 1,68±0,01, 1,74±0,01, 1,66±0,01 e 1,71±0,02 para as ovelhas Yankasa, Uda, Balami e WAD, respetivamente. As ovelhas Balami e Yankasa tinham uma cabeça curta que parecia quadrada. As ovelhas WAD e Uda tinham uma cabeça comprida de aspeto retangular. O resultado deste estudo reforça a diversidade morfológica e de ADN microssatélite destas ovelhas relatada por Agaviezor *et al.*, (2012). Os autores elucidaram a relação genética entre Uda e WAD, assim como entre Balami e Yankasa.

5.2 Análise de correlação

A partir do resultado da matriz de correlação de Pearson apresentada no quadro 5, todas as associações emparelhadas apresentaram coeficientes de correlação significativos, exceto a correlação entre RW e RLL. A correlação fenotípica é o somatório da correlação genética e da correlação ambiental. Todas as caraterísticas que apresentaram uma correlação significativa teriam em comum ou o mesmo gene ou o mesmo ambiente. A RW e a RLL não tinham nem gene nem ambiente em comum; por conseguinte, é certo que a pleitropia nunca está implicada nestas caraterísticas.

5.3 Análise fatorial de componentes principais

A análise das componentes principais, que é uma técnica de redução de variáveis, foi utilizada para reduzir as dezassete (17) caraterísticas candidatas em duas componentes básicas para os quatro grupos de genótipos. O teste KMO apresentou valores de 0,938, 0,923, 0,919 e 0,932 para os ovinos WAD, Balami, Yankasa e Uda, respetivamente. Os valores de KMO apresentados eram próximos de 1, o que indicava que a soma das correlações parciais era pequena em relação à soma da correlação. Invariavelmente, os padrões de correlação eram relativamente compactos, pelo que a análise PCA deveria produzir componentes distintos e fiáveis. Kaiser (1974) recomendou o valor aceitável de 0,5. Assim, os valores do qui-quadrado para o teste de esfericidade de Bartlett foram de 1437,56, 2944,49, 3973,88 e 4044,57 para as ovelhas WAD, Balami, Yankasa e Uda, respetivamente. A medida de Bartlett testa a hipótese nula de que a matriz de correlação original é uma matriz de identidade. Os valores de qui-quadrado altamente significativos apresentados neste estudo indicaram que a análise de factores era adequada. A Tabela 3 mostra as comunalidades antes e depois da extração. A ACP funciona com base no pressuposto inicial de que toda a variância é comum (o que não é); por conseguinte, antes da extração, as comunalidades eram todas iguais a 1. A comunalidade após a extração é a verdadeira variância comum e pode estar diretamente relacionada com a variância devida ao genótipo comum e ao ambiente comum numa população animal. BL, HG e RLL foram as caraterísticas com a maior variância partilhada (83,4%, 85,3% e 83,4%, respetivamente) para as ovelhas da raça Uda, o que sugere que estas caraterísticas são caraterísticas descritivas da raça Uda. As ovelhas Balami apresentaram uma variância partilhada de 90,3%, 86,6%, 85,6% e 84,3% para WH, HG, RH e RLL, respetivamente. As ovelhas WAD tiveram uma variância comum de 89,1%, 88,8%, 87,5% e 82% para HoL, WH, RLL e RH, respetivamente. As ovelhas Yankasa também tiveram uma variação comum de 87,3%, 86,0%, 85,1% e 81,3% para RLL, WH, RW e HW, respetivamente. A partir dos resultados deste estudo, pode observar-se que a RLL teve uma variância comum superior a 80% para os quatro grupos genotípicos investigados, o que pode fazer da RLL a principal caraterística distintiva dos ovinos nigerianos.

Os quadros 7, 8, 9 e 10 apresentam os pormenores da proporção da variância total explicada pelos dois componentes extraídos para os quatro grupos genotípicos. Os dois componentes extraídos explicaram 72,95%, 66,91%, 57,43% e 63,95% da variância total para as ovelhas WAD, Balami, Uda e Yankasa. Essas variâncias estavam de acordo com o que foi relatado por Mulyono *et al.*, (2009) em um estudo semelhante com ovelhas Madura e Rot (indonésias) de cauda gorda. Os autores relataram 99% da variância total explicada com os dois primeiros componentes extraídos dos dez componentes gerados na análise, mas o resultado deste estudo estava de acordo com Salako (2006), que obteve 67,7% da variância total explicada pelos dois primeiros componentes. Carpenter *et al.*, (1971) também registaram 75% da variância total explicada apenas pela primeira componente.

A matriz de componentes rodados da extração da ACP é apresentada no Quadro 12. Este quadro mostra as cargas de todas as medidas nos dois componentes extraídos para as quatro raças de ovinos estudadas. Para as ovelhas da raça Uda, BL, WH, HG, RH, EW, TL, EL, HeL e HW foram carregadas na primeira componente, enquanto RL, FLL, RLL, NC, HL e HoL foram carregadas na segunda componente. O primeiro e o segundo componentes representam 48,08% e 9,35% da variância total, respetivamente.

Para as ovelhas Balami, WH, HG, PG, RH, FLL, RLL, NC, HeL, HL e HoL carregaram no primeiro componente, enquanto BL, RW, RL, TL, SW e HW carregaram no segundo componente. O primeiro e o segundo componentes representam 54,82% e 12,10% da variância total, respetivamente.

Para as ovelhas WAD, BL, WH, HG, PG, RW, RL, SW, NC, HeL, HW e HL carregaram no primeiro componente, enquanto RH, TL, EL, FLL, RLL e HoL carregaram no segundo componente. O primeiro e o segundo componentes representam 65,95% e 7,00% da variância total, respetivamente.

Para as ovelhas Yankasa, WH, HG, PG, RH, EL, FLL, RLL, NC, HeL, HL e HoL carregaram no primeiro componente, enquanto RW, SW e HW carregaram no segundo componente. A contribuição do primeiro e do segundo componente extraído para a variância total das ovelhas Yankasa foi de 50,25% e 13,70%, respetivamente. As caraterísticas candidatas que carregaram no mesmo componente puderam ser classificadas em conjunto; por conseguinte, a pleitropia pode estar implicada nestas caraterísticas. A partir do resultado deste estudo, as caraterísticas relacionadas com o desenvolvimento ósseo tiveram geralmente cargas elevadas, enquanto as caraterísticas associadas à carne tiveram cargas relativamente baixas. Isto foi óbvio com as cargas elevadas observadas em WH, RLL, FLL e HG para os quatro grupos genotípicos em estudo. As cargas relativamente baixas de NC em todas as raças podem ser associadas à carne e à crina, que são altamente variáveis. As medições associadas ao desenvolvimento craniano (isto é, HeL e HW) tendem a carregar no mesmo componente em todas as raças, o que as sugere como caraterísticas de classificação para estes ovinos, mas a descrição qualitativa destas caraterísticas pode esclarecer melhor a sua adequação à classificação da raça. Num estudo semelhante realizado por Salako (2006) em ovinos imaturos da raça Uda, todos os parâmetros considerados, exceto SW, RL e RW, foram carregados no primeiro componente. O resultado não pode ser comparado com exatidão com o presente estudo porque o comprimento da face (CF) foi a única medida craniana considerada nesse estudo. O autor também sugeriu a inclusão de mais medidas no modelo PCA em estudos futuros. Num estudo semelhante realizado por Muyono *et al.* (2009), em que foram extraídos dois componentes, a carga máxima registada foi de 0,593.

5.4 Análise Discriminante

Foi efectuada uma análise discriminante para prever qualquer uma das dezassete caraterísticas medidas que melhor distinguisse os quatro grupos genotípicos em categorias separadas. Na ANOVA, o pressuposto é que as variâncias são equivalentes para cada grupo, mas na análise discriminante o pressuposto básico é que as matrizes de variância e co-variância são equivalentes. O teste M de Box testa a hipótese nula de que as matrizes de covariância não diferem entre os grupos. O resultado deste estudo violou o pressuposto. No entanto, dada a grande amostra, este problema não foi considerado importante.

Os resultados da análise discriminante por etapas, com os valores lambda de Wilk, os valores F e a probabilidade, são apresentados no Quadro 14. Das dezassete (17) variáveis consideradas, apenas oito (8) foram incluídas na análise. Este estudo revelou que o comprimento da cauda (TL) é o carácter mais discriminante, seguido do comprimento da orelha (EL), da largura da alcatra (RW), do comprimento do jarrete (HoL), do comprimento da perna traseira (RLL), do perímetro cardíaco (HG), da altura do garrote (WH) e da largura da espádua (SW), por ordem decrescente de poder discriminatório. Este resultado está de acordo com Salako e Ngere (2002), onde o comprimento da cauda foi considerado a variável mais discriminante entre os ovinos Yankasa e WAD. Num estudo relacionado com caprinos, realizado por Yakubu *et al.* (2010), a altura da garupa, o comprimento do corpo e o comprimento do chifre encontravam-se entre as sete variáveis utilizadas para colocar as cabras WAD e Red Sokoto nos seus grupos genotípicos. No entanto, uma proporção considerável de erros de classificação cruzada entre Uda e Balami, bem como entre WAD e Yankasa, foi avaliada através da análise discriminante, confirmando assim a introgressão das ovelhas do Norte em direção ao Sul. A introgressão observada nestes ovinos pode ser explicada por três razões. A primeira razão é a migração maciça de carneiros do Norte para o Sul durante os festivais, uma vez que os restantes animais não vendidos acasalam com as ovelhas tradicionais. A segunda razão é o facto de muitos agricultores adquirirem ocasionalmente os carneiros do Norte para fins de reprodução. Em terceiro lugar, as estações secas prolongadas no Norte, com actividades trans-humanas no país, uma vez que os animais do Norte se deslocam para o Sul. Yakubu *et al.*, (2010) também elucidaram que as actividades crescentes dos pastores Fulani conduzem a movimentos indiscriminados de rebanhos e a movimentos tradicionais de gado. Traore *et al.* (2008) registaram um movimento genético semelhante entre as ovelhas do Sahel e do Sudão-Sahel (Mossi) no Burkina-Faso.

A categorização dos grupos fenotípicos com base nos caracteres discriminantes é apresentada nos quadros 15 e 16. A largura da alcatra (RW) foi o único carácter que distinguiu entre Uda e Balami, e também diferenciou entre Yankasa e WAD. A distinção entre Yankasa e WAD e Balami, assim como a distinção entre Yankasa e WAD e Uda, pode ser feita com as sete (7) variáveis discriminantes restantes na análise, que foram TL, HoL, WH, EL, HG, SW e RLL. O poder de discriminação mais elevado da TL revelou que as ovelhas do Norte e do Sul da Nigéria podem ser melhor distinguidas com a TL. Este resultado está parcialmente em desacordo com as conclusões de Salako e Ngere (2002), em que a LT foi obtida como o carácter mais discriminante entre os ovinos Yankasa e WAD, mas a RW não foi incluída no estudo supramencionado. Agievezor *et al.*, (2012) também registaram o comprimento da cauda, a altura da alcatra, a circunferência do peito, o comprimento da orelha e a profundidade do peito como as variáveis mais discriminantes para separar as ovelhas WAD, Yankasa, Uda e Balami com base na sua significância e R^2 parcial.

5.5 Distância genética entre as raças de ovinos na Nigéria

A distância genética é o grau de diferenças genómicas dentro e entre populações animais. Teoricamente, é obtida como a diferença nas frequências alélicas para todos os loci no genoma animal. No presente estudo, as distâncias genéticas foram obtidas a partir das distâncias euclidianas entre os genótipos estudados. 42,69 foi obtida como a maior distância genética, encontrada entre as ovelhas WAD e Uda. A distância mais pequena, de 4,94, foi obtida para a diferença genética entre as ovelhas Uda e Balami. A distância genética é importante para determinar o vigor híbrido (heterose) esperado durante o cruzamento. Quanto mais distantes estiverem dois genótipos, maior será o melhoramento que se espera quando são cruzados. A partir dos resultados deste estudo, há espaço para o melhoramento das raças autóctones de ovinos, especialmente entre as raças do Sul e do Norte. As duas raças do Norte investigadas eram mais próximas umas das outras do que as raças do Sul. Este estudo revelou que o cruzamento entre as ovelhas Yankasa e WAD deveria permitir mais melhorias do que o cruzamento entre a ovelha Uda e a ovelha Balami. Este resultado está de acordo com o que foi relatado por Agaviezor *et al.*, (2012) num estudo semelhante que excluiu as ovelhas Uda. Os autores relataram a menor distância genética entre Balami e Yankasa, e também a maior distância entre Balami e WAD. O estudo de Agaviezor *et al.*, (2012) poderia ter sido uma boa correspondência para este estudo se as ovelhas Uda não tivessem sido incluídas neste estudo. O padrão de diferenciação revelado pela matriz de distâncias genéticas de Nei e a topologia da árvore reflectiram a história evolutiva, as distribuições geográficas e o fluxo genético entre as raças. A estrutura genética de uma raça em qualquer momento é o resultado de um equilíbrio entre a deriva genética (efeito fundador e seleção) e o fluxo genético (Farid *et al.*, 2000). Com base no resultado desta análise morfométrica, esperava-se que as ovelhas Uda e Balami partilhassem o maior número de alelos, enquanto Balami e WAD partilhavam o menor número de alelos. A validação do resultado deste estudo com um estudo de genética molecular é extremamente necessária porque muitos autores relataram desvios dos resultados morfológicos quando foram efectuados estudos genéticos (Agaviezor *et al.*, 2012; Ndumu *et al.*, 2008)

CAPÍTULO 6

6.0 RESUMO E CONCLUSÃO

6.1 Resumo

A caraterização fenotípica constitui a base de referência para a caraterização dos recursos genéticos dos animais de criação, embora as análises bioquímicas e de ADN sejam mais exaustivas e exactas, são realizadas depois de ter sido documentada uma descrição completa das semelhanças e diferenças morfológicas entre e dentro da população animal. Trata-se de um estudo genético de longa data, mas é a primeira vez que se efectua um estudo em que se considera um número tão elevado de caraterísticas, com uma amostra tão grande como esta, considerando as quatro raças de ovinos da Nigéria e utilizando técnicas multivariadas.

Este estudo envolveu a medição de dezassete caraterísticas morfométricas em ovelhas das raças Balami, Uda, Yankasa e WAD. Os caracteres biométricos medidos incluíram a largura da garupa (RW), o comprimento da garupa (RL), o comprimento da cauda (TL), a altura da cernelha (WH), a circunferência do coração (HG), a circunferência da bolsa (PG), a altura da garupa (RH), o comprimento da orelha (EL), o comprimento da perna dianteira (FLL), o comprimento da perna traseira (RLL), o comprimento do corpo (BL), a largura da espádua (SW), a circunferência do pescoço (NC), o comprimento da cabeça (HeL), a largura da cabeça (HW), o comprimento do chifre (HL) e o comprimento do jarrete (HoL). Foi efectuada uma análise univariada da variância (ANOVA), uma análise de componentes principais (PCA) e uma análise discriminante dos dados recolhidos.

As disparidades evidentes nos parâmetros relativos ao tamanho do corpo entre estas raças confirmam os resultados de uma série de estudos recentes sobre estas ovelhas, que afirmam que a Balami e a Uda são as maiores raças de ovelhas autóctones da Nigéria. Estas ovelhas apresentaram as médias mais elevadas e significativas ($p<0,05$) para todas as caraterísticas, incluindo as que são mais influenciadas pelo ambiente.

O grau mais elevado de associação entre caraterísticas, determinado pela correlação entre elas, revelou que a altura ao garrote e a altura à alcatra estão principalmente associadas, com um coeficiente de correlação de 0,829, seguindo-se a correlação entre o comprimento dos membros anteriores e o comprimento dos membros posteriores, com um coeficiente de correlação de 0,815. Uma vez que estas caraterísticas resultam do desenvolvimento ósseo, que é menos influenciado pelo ambiente, a pleiotropia pode estar fortemente implicada na altura do garrote e na altura da alcatra, assim como no comprimento dos membros anteriores e no comprimento dos membros posteriores. Não foi obtida uma correlação fenotípica significativa para a associação entre a largura da anca e o comprimento da perna traseira.

A análise de componentes principais é uma técnica de redução de variáveis que tenta agrupar um grande número de variáveis em poucos componentes com base nas suas semelhanças. No caso das ovelhas Balami, WH, HG, PG, RH, FLL, RLL, NC, HeL, HL e HoL foram agrupadas na primeira componente, que representou 54,82% da variância total. BL, RW, RL, TL, SW e HW foram classificados juntos no segundo componente, que foi responsável por 12,10% da variância total. O traço biométrico que melhor descreveu as ovelhas Balami, como é evidente pela magnitude das cargas dos traços quando foi utilizada a rotação varimax, foi o RLL com uma carga de 0,905.

Para os ovinos da raça Uda, BL, WH, HG, RH, EW, TL, EL, HeL e HW foram extraídos no primeiro componente, que representou 48,08% da variância total, enquanto RL, FLL, RLL, NC, HL e HoL foram agrupados no segundo componente , que representou 9,35% da variância total. O comprimento da cabeça e a circunferência do coração foram os factores que melhor descreveram os ovinos da raça Uda, com cargas de 0,824 e 0,841, respetivamente.

Para as ovelhas Yankasa, WH, HG, PG, RH, EL, FLL, RLL, NC, HeL, HL e HoL carregaram no primeiro componente, enquanto RW, SW e HW carregaram no segundo componente. Além disso, a RLL foi a que melhor descreveu as ovelhas Yankasa, com uma carga de 0,911

BL, WH, HG, PG, RW, RL, SW, NC, HeL, HW e HL foram carregados no primeiro componente, enquanto RH, TL, EL, FLL, RLL e HoL foram carregados no segundo componente em ovelhas WAD. O carácter que melhor descreveu as ovelhas WAD foi EL com uma carga de 0,877

A descrição dos índices corporais revelou que a ovelha Balami era a mais inclinada das quatro raças, com uma inclinação em altura de 2,43 cm. Um ângulo acentuado na junção tíbio-femoral da ovelha WAD foi explicado pela sua relação entre o jarrete e a perna traseira, que era a mais elevada. Este facto explica o posicionamento desajeitado deste animal.

A partir da análise discriminante efectuada sobre as dezassete variáveis, o comprimento da cauda foi considerado o carácter mais discriminante entre os sete traços incluídos na análise. Ao classificar a Uda e a Balami como raças do Norte e a Yankasa e a WAD como raças do Sul, foi possível distinguir as ovelhas das mesmas zonas ecológicas através da largura da alcatra. O comprimento da cauda distinguiu as raças de ovinos do Sul e do Norte.

As distâncias genéticas foram obtidas a partir das distâncias euclidianas entre os genótipos investigados. A distância genética mais longa foi encontrada entre as ovelhas WAD e Uda, enquanto as raças mais próximas foram Balami e Uda. A Uda e a Balami estavam muito mais próximas uma da outra do que a

Yankasa e WAD; portanto, espera-se mais vigor híbrido nos cruzamentos dentro das raças do Sul do que a heterose esperada nos cruzamentos de Balami e Uda.

6.2 Conclusão

Em conclusão, a seleção de um dos caracteres que teve uma carga significativa numa componente pode ser utilizada para melhorar outras caraterísticas na mesma componente, devido à correlação das caraterísticas com a componente para a qual foi extraída. Além disso, os caracteres que estão geralmente relacionados com o desenvolvimento ósseo, em particular o osso craniano, apresentaram cargas elevadas e podem ser utilizados para descrever cada raça. A melhor forma de distinguir as raças de ovinos autóctones da Nigéria é através do comprimento da cauda, devido à sua maior capacidade de discriminação.

Além disso, a grande distância euclidiana obtida para o fosso genético entre as ovelhas Uda e WAD oferece perspectivas de melhoramento se forem cruzadas. A ovelha Uda, com o seu grande tamanho corporal, tem sido criada com êxito na região árida e quente da Nigéria, prosperando a uma temperatura ambiente elevada. A ovelha WAD também prospera na região tripano-endémica do Sul húmido da Nigéria. Dada a grande distância genética entre as duas populações, seria de esperar que o tamanho do corpo e a tripanotolerância, medíocres no WAD e no Uda, respetivamente, melhorassem no híbrido.

REFERÊNCIAS

Adalsteinsson, A. (1986.) Visible genetic profiles of the Icelandtic sheep In: População tradicional e primeiras raças padronizadas de Ovicaprinae no Mediterrâneo, Edit.J.J Lavavergae. Gontard Manosquire França. 30 de junho a 2 de julho. Pp220

Adedeji, F.O e Ayorinde, K.L. (1990): Production of Body Weight of Broilers at different Ages from Linear Body Measurement (Produção de peso corporal de frangos de carne em diferentes idades a partir da medição linear do corpo). *Nig. J. Animal Prod.* 17(182): 42-47.

Ademosun, A.A .(1985). Contribuições da investigação para a produção de pequenos ruminantes na Nigéria. *Actas da Nat. Conf. Sobre a Produção de Pequenos Ruminantes, Zaria.* Publicado por NEPA Shika, Zaria. Pg 18.

Adu, I.F e Ngere, L.O .(1979). The indigenous sheep of Nigeria. World Review of Animal Production. 15(3); 51-62

Afolayan, R.A., Adeyinka, I.A., Lakpini, C.A.M .(2006). Prediction of live weight from objective live-dimentional traits in Yankassa sheep (Previsão do peso vivo a partir de caraterísticas objectivas de dimensões vivas em ovinos Yankassa). *Procedimentos da 31ª Conferência Anual da Sociedade Nigeriana de Produção Animal.* 12 a 15 de março de 2006, Universidade Bayero, Kano, Nigéria.

Agaviezor, B. O., Peters, S. O., Adefenwa, M .A., Yakubu, A., Adebambo, O. A., Ozoje, M., Ikeobi, C.O.N., Wheto, M., Ajayi O.O., Amusan, S.A., Ekundayo, O.J., Sanni, T. M, Okpeku, M., Onasanya, G.O., De Donato, M., Ilori, B.M., Kizilkaya, K. e Imumorin, I. G. (2012). Diversidade morfológica e de DNA de ovelhas indígenas nigerianas. *Journal of Animal Science and Biotechnology* 3:38. http://www.jasbsci.com/content/3/1/38.

Anderson, S. e Centoze, R. (2007). Direitos de propriedade e gestão dos recursos genéticos animais. Wrld Develop. 35, 1529-1541. raça e desempenho de ovinos num ambiente tropical húmido. Livestock Research for Rural Development, 23, 2.

Brown, C. J., Brown, J. E. e Butts, W. T. (1973).Evaluating relationships among Immature measure of size, shape and performance of beef bulls. II.The relationships between immature measures of size, shape and feedlot traits in young beef bulls. *J. Anim. Sci., 36*:1021.

Carneiro, H., Louvandini, H., Paiva, S. R., Macedo, F., Mernies, B. e McManus, C. (2010). Caracterização morfológica de raças ovinas no Brasil, Uruguai e Colômbia. *Pesquisa em Pequenos Ruminantes,* 94, 58-65

Carpenter Jr., J. A., Fitzhugh, H. A., Cartwright, T. C., Melton, A. A. e Thomas, R. C. (1971). Componentes principais para o tamanho das vacas Hereford. *J. Anim. Sci., 33*:197.

Casu, S., Boyazo, J.G e Lawrence, J.J. (1970). The Inheritance of Wattles in the Sardinan Breeds of Sheep. *J. Ani. Prod.* 2: 249-261.

Cerqueira, J. O. L., Feas, X., Iglesias, A., Pacheco, L. F. e Araujo, J. P. P. (2011). Traços morfológicos em ovinos portugueses da raça Bordaleira de Entre Douro e Minho: divergência da raça, Animal production and Science, 51, 635-641

Chen, S.Y., Duan, Z.Y., Sha, T., Xiangyu, J., Wu, S.F. e Zhang, Y.P.(2006). Origem, diversidade genética e estrutura populacional dos ovinos domésticos chineses. Gene 376(2):216-223.

Chessa, B., Pereira, F., Arnaud. F., Amorim ,A., Goyache, F., Mainland, I., Kao, R.R., Pemberton, J.M., Beraldi, D. e Stear, M.J. (2009). Revealing the History of Sheep Domestication Using Retrovirus Integrations (Revelando a história da domesticação de ovelhas usando integrações de retrovírus). *Ciência* 324:532-536.

Chineke, C.A .(2003). Raças e cruzamentos de coelhos: Análise da Produção, Traços Lineares do Corpo e algumas Caraterísticas do Sangue (Dissertação de Doutoramento) Fed. Univ. of Tech. Akure.

Clutton-Brock (1989). O gado no antigo Norte de África. In the walking ladder. Pattern of domestication, pastorialism and predation (edn) J.Clutton Brock. Pp200-206, Uniwin Hyman London.

Crepaldi, L., Gasperini, S., Lapinet, J. A., Calzetti, F., Pinardi, C., Liu, Y. e Zurawski, S. (2001). A regulação positiva da expressão de IL-10R1 é necessária para tornar os neutrófilos humanos totalmente sensíveis à IL-10. *Journal of Immunology. 167:* 2312-2322.

Delgado, J.V., Barba, C., Camacho, M.E., Sereno, F.T.P.S., Martinez, A. e Vega-Pla, J.L., (2001). Caracterização do efetivo pecuário em Espanha. AGRI. 29, 7-18

Devendra, C. e Mc Leroy, G.B. (1982).Goat and sheep production in the tropics. *Intermediate Tropical Agriculture Series*: 115-164

Dossa, L.H., Wollny, C. e Gauly, M. (2007). Spatial variation in goat populations from Benin as revealed by multivariate analysis of morphological traits. *Small Rumin. Res.*73, 150-159.

El-Khidir, O.A. (1980). Uma nota sobre a previsão do peso vivo de novilhas Kenana em crescimento a partir de medidas lineares do corpo. *Sudan Journal of veterinary Science and Animal Husbandry* 21(2): 102-104

Everitt, B.S., e Dunn, G. (1999). Applied Multivariate Data Analysis. Edward Arnold. London.

Fajemilehin, O.K.S. e Salako, A.E. (2008). Caraterísticas das medidas corporais das cabras anãs da África Ocidental (WAD) na zona de floresta decídua do sudoeste da Nigéria. *Afr. J. Biotechnol.* 7, 2521-2526.

FAO. (1982). FAO Production Yearbook No 35. Roma, Itália.

FAO .(1985). The Awassi Sheep with Special Reference to the Improved Dairy type (Ed. By Epstein). Roma, Itália.

FAO .(2008). Sistema de informação sobre a diversidade dos animais domésticos. Roma. (disponível em http://www.fao.org/dad-is/

FAO. (2012). Caracterização fenotípica dos recursos genéticos animais. Diretrizes da FAO para a produção e saúde animal. Pp 91-105.

FAO. (2011). Projeto de orientações sobre a caraterização genética molecular dos recursos genéticos animais,

Comissão dos Recursos Genéticos para a Alimentação e a Agricultura, 13.ª Sessão Ordinária, 18-22 de julho de 2011, Roma. Disponível em: http://www.fao.org/docrep/meeting/022 am652e.pdf

Farid, A., O'Reilly, E., Dollard. C., Kelsey, C.R. (2000). Genetic analysis of ten sheep breeds using microsatellites. *Canad J Anim Sc 80:9-17.*

Finch, V. e Western, D. (1997). Coat Colours in Pastoral Herds; Natural Selection or Social Preference? *Ecologia* 58: 1354-1992

Fitzugh, H.A., Ehui, S.K. e Lahlou-Kassi, A., (1992). Estratégias de investigação para o desenvolvimento da agricultura animal. *Wrld Anim. Rev.* 72, 9-19. para o Desenvolvimento Rural, 23, 2.

Gasperzs, V. (1992). Técnica de análise e investigação experimental. 2ª Edição. Editora Tarsito. Bandung.

Gizaw, S., Komen, H., Hanote, O., van Arendonk, J. A. M., Kemp, S., Haile, A., Mwai, O. e Dessie, T., 2011. Caracterização e conservação dos recursos genéticos ovinos autóctones: Um quadro prático para os países em desenvolvimento. Relatório de Investigação ILRI n.º 27. Nairobi, Quénia, ILRI

Gontard Manosque França (1986). População tradicional e primeira raça padronizada de Ovicaprinae no Mediterrâneo, Edit.J.J Lavavergae, INRA, Department of Animal Geneyics. Laboratoire de Genetique Factorielle France. Publicação do INRA, Paris.

Haber, A. e Dayan, T. (2004). Analisando o processo de domesticação: Hagoshrim como um estudo de caso. *Journal of Archaeological Science* 31(11):1587-1601.

Handiwirawan, E,. Noor, R.R,. Sumantri, C e Subandriyo. (2011). A diferenciação da raça ovina com base nas medidas corporais. *J.Indonesian Trop.Anim.Agric. 36(1) 1-8.*

Herrera, M., Rodero, E., Grutievrez, M.J., Peria,F. e Rodero, J.M. (1996). Aplicação da análise discriminante multifatorial na diferenciação estrutural das raças caprinas andaluzas. *Small Rum. Res.* 22:39-47

Hiendleder. S., Kaupe, B., Wassmuth, R. e Janke, A. (2002). "A análise molecular de ovelhas selvagens e domésticas questiona a nomenclatura atual e fornece provas de domesticação a partir de duas subespécies diferentes" (PDF). *Proc. Biol. Sci.* 269 (1494): 893.

Hiendleder, S., Mainz, K., Plante, Y. e Lewalski, H. (2007). "A análise do DNA mitocondrial indica que as ovelhas domésticas são derivadas de duas fontes maternas ancestrais diferentes: nenhuma evidência de contribuições de ovelhas uriais e argali". *Journal of Heredity* 89 (2): p. 113. doi:10.1093/jhered/89.2.113

Hoffman, I., (2010). Climate change and the characterization, breedingand conservation of animal genetic resources. *Jornal de Genética Animal*,41, 32-46

Hoste, C.H., Chalon, E., D'leteren, G. e Trail, J.C.M., (1988). Trypanotolerant livestock in west and central Africa. FAO Animal Health and Production Papers 20 (2), 5667.

Itty, P., Ankers, P., Zinsstag, J., Trawally, S. e Pfister, K .(1997). Productivity and profitability of sheep production in the Gambia. Implicação para o desenvolvimento da pecuária na África Ocidental. *Revista Trimestral de Agricultura Internacional* 36:153-172.

Jamssems, S. e Vandepitte, W. (2004): Parâmetros genéticos para medidas corporais e caraterísticas de tipo linear em ovelhas Belgian Blue du Maine, Suffolk e Texel. *Small Ruminant Research.* 54:1-2. Pp 13-24.

Kine, M. (2005). Variação de cor e reprodução na cabra anã da África Ocidental. Disponível em URL: http://www.kine.net.articles.htm

Krebs, R.E. e Carolyn, A. (2003). Groundbreaking Scientific Experiments, Inventions and Discoveries of the Ancient World [Experiências Científicas Inovadoras, Invenções e Descobertas do Mundo Antigo]. Westport, CT: Greenwood Press. ISBN 0313313423.

Kunene, N.W., Nesamvuni, A.E. e Nshahlai, I.V. (2009). Determinação de equações de previsão para estimar o peso corporal de ovelhas Zulum (Nguni). *Small Rum. Ress.* 84:41-46

Lanari, M.R., Taddeo, H., Domingo, E., Centeno, M.P. e Gallo, L. (2003). Diferenciação fenotípica de caraterísticas exteriores na população local de cabras Crioulas na Patagónia (Argentina). Arch. Tierz. Dummerstorf 46, 347-356.

Lawrence, T.L.J. e Fowler, V.R. (1997): Growth of Farm Animals. *CAB International, Wallingford, U.K.*

Legaz, E., Cervantes, I., Perez-Cabal, M. A., de la Fuente, L. F., Martinez, R., Goyache, F. e Gutierrez, J. P. (2011). Caracterização multivariada de traços morfológicos em ovinos Assaf (Assaf.E). *Small Ruminant Research*, 100, 122-130

Maijala, I.M. (1993). In: Simon, D.L e Boucehnquer, D. Genetic diversity of European livestock breeds. Publicações EAAP. No 66

Meadows, J.R. Cemal, I. e Karaca, O .(2007). "Cinco linhagens mitocondriais ovinas identificadas em raças de ovinos do Próximo Oriente". Genetics 175 (3): p. 1371.

Mehta, S.C, Vij, P.K., Sahar, R. e Nivarkar, A.E. (1995). Caraterísticas e conservação das raças ovinas de Malpura. *Anim.Gen.Res, Info.*

Musa, H.H., Elamin, F.M., Suleiman, A.H., Chem, G.H., Olowofeso, O. e Mekki, D.M .(2006). Body mearsurement of West African sheep of Sudan (Medição do corpo dos ovinos da África Ocidental do Sudão*).* *Journal of Animal and Veterinary Advances.* 5 (4):298-300.

Ndumu, D.B., Baumung, R., Hanotte, O., Wurzinger, M., Okeyo, M.A., Jianlin, H., Kibogo, H. e Solkner, J. (2008). Caracterização genética e morfológica do gado Ankole Longhorn nas regiões africanas dos Grandes Lagos. *Genet Sel Evol, 40:467-490.*

Odubote, I.K. (1994a). Caracterização das cabras WAD para certos traços qualitativos. *Nig. Journal of Anim. Prod.* 21, Pp 37-41.

Odubote, I.K. (1994b). Caracterização da cabra anã da África Ocidental para certos traços qualitativos. Nig. J. of Anim. Prod., 21, 37-41

Oke, U.K. e Ogbonnaya, E.O. (2011). Aplicação de caraterísticas categóricas na avaliação da raça e do desempenho de ovinos num ambiente tropical húmido. Investigação pecuária

Oni, O.O. (2002). Breed and genetic improvement of small ruminants (Raça e melhoramento genético de pequenos ruminantes). *Workshop de formação sobre pequenos ruminantes,* realizado no Instituto Nacional de Investigação da Produção Animal, Universidade Ahmadu Bello, Shika, Zaria. 13th to 18th January. 2002. Pp.2

Oshinowo, O.A., Buvanendran, V. e Koing, W.L. (1988). A Study of Coat Type, Pigmentation and Wattle Incidence in Yankasa Sheep and their Effects on Fertility and Weaning Weight (Estudo do tipo de pelagem, pigmentação e incidência de barbelas em ovinos Yankasa e seus efeitos sobre a fertilidade e o peso ao desmame). *Nig. Journal of Anim. Prod.* 20: Pg 10.

Osinowo, O.A., Buvanendran V. e Koining M.L. (1990). Ocorrência e herança de de Wattles em ovelhas Yankasa. *Ni-geriano. J. Anim. Prod.* 17(1/2), 63-64

Ozoje ,M.O. e Mgbere O.O. (2002). Efeitos da pigmentação da pelagem em cabras anãs da África Ocidental: Live weights and body dimen-sions. *Nigerian. J. Anim. Prod.* 29(1), 5-10

Ozoje, M.O. e Herbert, U. (1997). Linear Measurement in West African Dwarf (WAD) Goats (Medição linear em cabras anãs da África Ocidental). *Journal of Animal Production.* 24 (1) 1997: 13-19.

Rege, J.E.O. e Gibson, J.P.(2003). Recursos genéticos animais e desenvolvimento económico: Issues in relation to economic valuation. Ecological Economics. 45: 319-330.

RIM .(1989). Livestock and land use in Niger and Anambra States, Nigeria. (2 vols). *Relatório da Resource Inventory and Management Limited (RIM) para a FDL&PCS, Abuja, Nigéria.*

Ryder, M.L. (1991). Domesticação, história e avaliação de raças de ovinos. In: Maijala K. (ed) World Animal Science. Genetic Resources of Pig, Sheep and Goat (Recursos Genéticos de Suínos, Ovinos e Caprinos). Elsevier, Amterdão, 157-177.

Ryder, M.L. (1983). Sheep and Man. Duckworth, Londres, 846pp

Ryder, M.L. (1984). Sheep representation written records and wool measurements in Animal and Archaeology; 3, Early herders and their flocks. Série internacional B.A.R, 202

Salako, A.E. (2006). Análise fatorial de componentes principais da morfoestrutura de ovinos imaturos da raça Uda. *Int. J. Morph.* 24: 571-574

Salako, A.E .(2004). Medidas corporais e estrutura de ovinos imaturos da raça Uda. *Proc. 29ª Conf. Anual da Sociedade de Genética da Nigéria, Abeokuta, Nigéria,* 11-14 de outubro de 2004, pp. 71-4.

Salako, A.E .(2013). Perfis genéticos e fenotípicos das raças de ovinos anão da África Ocidental e Yankasa na Nigéria. *Revista Internacional de Biodiversidade e Conservação* Vol. 5(2),pp. 47-53,

Salako, A.E. e Ngere, L. O (2002). Aplicação da análise discriminante multifatorial na diferenciação estrutural morfométrica das ovelhas WAD e Yankasa no sudoeste húmido da Nigéria. *Nig. J. Anim. Prod., 29(2):*163- 7.

Searle, T.N., McGraham, W., e Donnelly, J.R .(1989). Change of Skeleton Dimension during Growth in Sheep; The Effect of Nutrition. *Journal of Agricultural Science (Cambridge)* 112: 321-327.

Shongjia, L. (1992). Relação entre caraterísticas físicas, tamanho da ninhada e produção de leite em cabras Saanen e cruzadas. *V. Int. Conference on Goats. New Delhi. Livro de Resumos Vol. 1,* Pp 83.

Simon, D. L. e Buchenauer, D. (1993): Genetic diversity of European livestock breeds (Diversidade genética das raças de gado europeias); Wageningen

Steel, R.G.D, Torrie, J.H. (1980). Principles and Procedure of Statistics. A Biometrical Approach. 2nd Edição. McGraw-Hill Book company, Londres.

Tabachnick, B.G. e Fidell, L.S .(1996). Using Multivariate Statistics. Harper Collins College Publishers: Nova Iorque.

Thornton, P. K. (2010). Livestock production: recent trends, future prospects, Philosophical Transactions of the Royal Society *B: Biological Sciences*, 365, 2853-2867

Traoré, A., Tamboura, H. H., Kabore, A., Royo, L. J., Fernandez, I., Alvarez, I., Sangare, M., Bouchel, D., Poivey, J. P., Francois, D., Toguyeni, A., Sawadogo, L. e Goyache, F. (2008). Multivariate characterization of morphological traits in Burkina Faso sheep, *Small Ruminant Research*, 80, 62-67

Wilson, R.T (1995). Sistemas de Produção Pecuária. *The Tropical Agriculturist, 1st Edition.* Pp 3.

Winrock International. Assessment of Animal Agriculture in Sub-Sahara Africa (1992). Morrilton, Arkanses U.S.A., WIIAD,

Yakubu, A, Salako, A.E., Imumorin, I.G., Ige, A.O e Akinyemi, M.O. (2010). Análise discriminante da diferenciação morfométrica nas cabras anã da África Ocidental e Sokoto Vermelha. *Jornal Sul Africano de Ciência Animal.* 40 (4).

Yakubu, A. e Akinyemi, M. O. (2010). Uma avaliação do dimorfismo do tamanho sexual em ovinos Uda utilizando a análise discriminante multifatorial, *Ata Agriculturae Scandinavica*, Secção A-Ciência Animal, 60, 74-78

Yakubu, A. e Ibrahim, I. A. (2011). Análise multivariada de caraterísticas morfoestruturais em ovinos indígenas nigerianos. *Revista Italiana de Ciência Animal*, 10, 83-86

Zaitoun, I.S., Tabbaa, M.J. e Bdour, S. (2005). Differentiation of native goat breeds of Jordan on the basis of morphostructural characteristics (Diferenciação de raças caprinas nativas da Jordânia com base em caraterísticas morfoestruturais). *Small Rumin. Res.* 56, 173-182.

MIX
Papier aus verantwortungsvollen Quellen
Paper from responsible sources
FSC® C105338

Printed by Books on Demand GmbH, Norderstedt / Germany